羔羊育肥技术

GAOYANG YUFEI JISHU

张英杰　主编

中国科学技术出版社
·北　京·

图书在版编目（CIP）数据

羔羊育肥技术 / 张英杰主编 . —北京：
中国科学技术出版社，2017.1
ISBN 978-7-5046-7382-4

Ⅰ. ①羔… Ⅱ. ①张… Ⅲ. ①羔羊—快速肥育
Ⅳ. ① S826.6

中国版本图书馆 CIP 数据核字（2017）第 000925 号

策划编辑	乌日娜
责任编辑	乌日娜
装帧设计	中文天地
责任校对	刘洪岩
责任印制	马宇晨

出　　版	中国科学技术出版社
发　　行	中国科学技术出版社发行部
地　　址	北京市海淀区中关村南大街16号
邮　　编	100081
发行电话	010-62173865
传　　真	010-62173081
网　　址	http://www.cspbooks.com.cn

开　　本	889mm × 1194mm　1/32
字　　数	111千字
印　　张	4.75
版　　次	2017年1月第1版
印　　次	2017年1月第1次印刷
印　　刷	北京盛通印刷股份有限公司
书　　号	ISBN 978-7-5046-7382-4 / S · 614
定　　价	16.00元

本书编委会

主　编

张英杰

副主编

刘　洁　刘月琴

编著者

郭云霞　孙洪新

杨佳栋　李雪梅

目 录

第一章　国内外羔羊育肥生产概况 …… 1
一、国外羔羊育肥生产概况及技术措施 …… 2
(一)国外羔羊育肥生产概况 …… 2
(二)国外羔羊育肥技术措施 …… 5
二、我国羔羊育肥生产现状及发展趋势 …… 6
(一)我国羔羊育肥生产现状 …… 6
(二)我国羔羊育肥发展趋势 …… 7

第二章　羔羊育肥可利用的绵、山羊品种 …… 9
一、国外引进的主要绵、山羊品种 …… 9
萨福克羊 9　无角道赛特羊 10　德国肉用美利奴羊 10
夏洛莱羊 11　德克塞尔肉羊 12　杜泊羊 12
波德代羊 13　波尔山羊 14
二、我国主要绵羊品种 15
大尾寒羊 15　小尾寒羊 15　同羊 16
乌珠穆沁羊 16　阿勒泰大尾羊 17　蒙古羊 17
西藏羊 18　哈萨克羊 19　滩羊 19　湖羊 20
兰州大尾羊 20　巴音布鲁克羊 21　多浪羊 21
和田羊 22
三、我国主要山羊品种 …… 22
黄淮山羊 22　槐山羊 23　牛腿山羊 24
南江黄羊 24　成都麻羊 25　承德无角山羊 25
太行山羊 26　西藏山羊 26　隆林山羊 26
贵州白山羊 27　雷州山羊 27　济宁青山羊 28
马头山羊 28　福清山羊 29

第三章　规模化羔羊育肥羊舍建造及环境控制 …………… 30
一、羊舍建造 …………………………………………… 30
(一)场址的选择 …………………………………… 30
(二)羊场的规划布局 ……………………………… 32
(三)羊舍建筑 ……………………………………… 33
二、育肥场环境控制 …………………………………… 39
(一)羊场的绿化 …………………………………… 39
(二)羊粪的合理利用 ……………………………… 40
(三)减少污水排出量 ……………………………… 42
(四)废气处理 ……………………………………… 43
(五)育肥羊场的生物安全 ………………………… 43

第四章　羔羊育肥常用饲料及其加工调制技术 …………… 45
一、常用饲料 …………………………………………… 45
(一)青绿饲料 ……………………………………… 45
(二)青贮饲料 ……………………………………… 48
(三)多汁饲料 ……………………………………… 51
(四)粗饲料 ………………………………………… 52
(五)能量饲料 ……………………………………… 55
(六)蛋白质饲料 …………………………………… 59
(七)矿物质饲料 …………………………………… 61
二、粗饲料的加工和利用 ……………………………… 63
(一)青干草的调制 ………………………………… 63
(二)草粉加工 ……………………………………… 66
(三)青贮技术 ……………………………………… 68
(四)秸秆微贮技术 ………………………………… 74
三、精饲料的加工与利用 ……………………………… 74
(一)子实饲料的加工调制 ………………………… 74
(二)蛋白质饲料的过瘤胃保护技术 ……………… 75

第五章　羔羊育肥的营养需要与饲料配制 ………………… 77
一、羔羊育肥所需营养物质及其功能 ………………… 77

(一)碳水化合物 …………………………………………… 77
(二)蛋白质 ……………………………………………… 78
(三)脂肪 ………………………………………………… 79
(四)矿物质 ……………………………………………… 80
(五)维生素 ……………………………………………… 86
(六)水 …………………………………………………… 89
二、育肥羊的饲养标准 ……………………………………… 90
三、羔羊舍饲育肥日粮配制 ………………………………… 94
(一)日粮配合的原则 …………………………………… 94
(二)日粮配制的方法 …………………………………… 96
(三)手工计算设计饲料配方示例 ……………………… 97
四、舍饲育肥羔羊的典型精饲料配方 ……………………… 100

第六章 提高羔羊断奶成活率措施 ………………………… 101
一、繁殖母羊的饲养 ………………………………………… 101
(一)空怀期 ……………………………………………… 101
(二)妊娠期 ……………………………………………… 102
(三)哺乳期 ……………………………………………… 102
二、初生羔羊护理 …………………………………………… 103
(一)吃好初乳 …………………………………………… 103
(二)羔舍保温 …………………………………………… 103
(三)代乳或人工哺乳 …………………………………… 104
(四)疫病防治 …………………………………………… 105
三、羔羊的培育 ……………………………………………… 105
(一)羔羊断奶前消化生理特点 ………………………… 105
(二)羔羊断奶前培育技术 ……………………………… 105

第七章 羔羊育肥技术 ……………………………………… 109
一、影响羔羊育肥效果的因素 ……………………………… 109
(一)品种 ………………………………………………… 109
(二)合理的营养水平 …………………………………… 109
(三)年龄 ………………………………………………… 110

(四)饲料类型 …… 110
(五)性别 …… 110
(六)季节 …… 110
二、育肥前的准备 …… 111
(一)育肥羊舍的准备 …… 111
(二)饲草饲料的准备 …… 111
(三)育肥羊的准备 …… 111
(四)制订育肥方案 …… 112
(五)选择合适的饲养标准和育肥日粮 …… 112
三、羔羊育肥关键技术 …… 113
(一)利用肉用品种或杂交品种 …… 113
(二)羔羊早期断奶 …… 113
(三)选择适宜的育肥方式 …… 114
(四)创造适宜的环境条件 …… 115
(五)合理利用育肥添加剂 …… 115

第八章 羔羊常见病防治 …… 119
一、羔羊传染病 …… 119
羊快疫 120 羊肠毒血症 120 羔羊痢疾 121
传染性胸膜肺炎 122 传染性脓疮 123 羊痘 124
二、寄生虫病 …… 125
胃肠线虫病 125 绦虫病 126 肝片吸虫病(肝蛭病)127
羊鼻蝇蛆病 128 疥癣病 128 肺丝虫(肺线虫)病 130
羊蜱病 130 羊虱病 131
三、普通病 …… 132
瘤胃臌胀 132 食管梗塞 133 腐蹄病 133 感冒 134
肠痉挛 135 胃肠炎 135 中毒病 136 尿结石 139
羔羊异食癖 140 白肌病 140

参考文献 …… 142

第一章

国内外羔羊育肥生产概况

由于羊肉纤维细嫩、味美可口、胆固醇含量低、营养价值高，深受人们的喜爱，因而需求量越来越大。羔羊育肥成本低、效益好，且羔羊肉质优良，因此国内外羊肉生产中，特别重视规模化羔羊肉的生产，尤其是肥羔生产。美国上市的羊肉90%以上是肥羔肉，养羊收入的2/3来自羔羊肉生产。澳大利亚、新西兰、阿根廷等养羊大国的肥羔肉产量占羊肉总产量的80%以上，肥羔生产在世界养羊业中越来越起到举足轻重的作用。

羔羊肉在羊肉生产中受到重视有以下原因：羔羊肉具有鲜嫩、多汁、精肉多、脂肪少、味美、易消化及膻味轻等优点，国际市场需求量很大；羔羊生长快，饲料报酬高，成本低，收益高；在国际市场上，羔羊肉的价格比成年羊肉高1/3～1/2；羔羊当年屠宰加快了羊群周转，缩短了生产周期，提高了出栏率及屠宰率，当年就可能获得较大的经济效益；羔羊当年屠宰减轻了越冬期的人力和物力的消耗，避免了冬季掉膘甚至死亡的损失；由于不养或少养羯羊，改变了羊群结构，大幅度地增加了母羊的比例，有利于扩大再生产。

一、国外羔羊育肥生产概况及技术措施

（一）国外羔羊育肥生产概况

1. 美国 羔羊肉生产是美国养羊业的主产业。美国将育肥羔羊按日龄区分为肥羔和料羔两种。肥羔是指在正常断奶月龄前育肥出售的奶羔,其中有母奶加放牧的奶羔和母奶加精料的奶羔。料羔则指断奶后加料育肥的羔羊。料羔是美国生产羔羊肉的主要方式,羔羊主要来自草原地带,多为萨福克与细毛羊的杂种,跨州长途运输,售给大型育肥场。育肥后一般能达到优等羔羊肉标准:羔羊胴体重20～25千克,活重43～48千克,眼肌面积不小于16.2厘米^2(按22.7千克胴体计),脂肪层不小于0.5厘米,不大于0.76厘米(12肋骨处),腿宽深,肌肉层厚,修整后肩、胸、腰、腿的切块占胴体重的70%,肥羔生产经济效益较高。

美国肥羔生产特点:

第一,良种化程度高,重视萨福克和汉普夏等肉用品种的提高和利用。利用这些品种杂交生产商品羊肉,其杂交后代增重速度大于亲本,而且体质健壮,死亡率低。同时,杂种母羊产羔率和产奶量也高于亲本。

第二,因地制宜采用不同方式育肥。

集约化精料型育肥:以大型育肥场为主,对育肥羔羊实行集约化饲养,不放牧,不饲喂青饲料。有一套科学的饲料配方。日粮由富含蛋白质的精饲料、干草和添加剂组成。大型育肥场1年可育肥羔羊4～5批,每期育肥60天,育肥终重一般不超过50千克,活重以40～48千克最好。羔羊在育肥期的暖季要剪毛,冷季不剪毛。

放牧育肥:在美国东北部地区大部分羔羊都是在草场上饲养

和育肥。这些地区一般产春羔(3～4 月份),羔羊断奶后,一直在草场上放牧,到 10 月份体重达 40 千克左右时出栏上市。

早期精料育肥:利用母乳加精饲料,配合部分优良青草。羔羊生长到 6～12 周龄、体重达到 13～27 千克时出栏,主要供应圣诞节到复活节期间的市场需要。

2. 英国 英国的养羊业,从早期的注重羊毛生产,到现在的重视羊肉生产,羊毛收入仅占全国养羊收入的 8%。对羊毛长度和细度方面的指标不是十分重视,对肉羊品种的选择、羊肉品质(如净肉率、胴体品质、屠宰率)的改进及繁殖率的提高比较重视。因此,羊肉就成了现今英国养羊业的主要产品,约占养羊产品的 85%。英国主要生产羔羊肉,占羊肉生产的 90%。

英国羔羊生产特点:

第一,生产模式。英国生产羊肉,多年来已摸索出一种模式,即以山地种(如苏格兰黑面羊)为母本,以长毛种(如边区莱斯特羊)为父本,杂交一代公羊育肥出栏,杂交一代母羊同萨福克公羊(或叫终端品种)杂交。目前,用于终端公羊的品种还有汉普夏羊、无角道赛特羊、德克塞尔羊等。

一般实行冬配春产羔制度,9～10 月份配种,翌年 2～3 月份产羔,6～7 月份开始出栏肥羔,10 月份基本结束。

第二,生产体系。英国在羊肉生产过程中,根据地势的不同采取低地生产、平原生产、山地生产体系。

低地生产体系(海拔 200 米以下):以肥羔为主要生产方向。该地区母羊数量虽然仅占全国母羊数量的 43%,但 60%的肥羔是在这里生产的。育肥羔羊一部分靠本地繁殖,另一部分靠购入,无论繁殖的或购入的待育肥羔羊,都在人工草地放牧育肥后出栏。这种方式生产的肥羔经济效益高。

在低地还试验早冬羔羊生产制度,即在 5～7 月份配种,10～12 月份产羔,翌年 3～5 月份出售肥羔。

平原生产体系(海拔200～500米):以出售肥羔和待育肥羔羊为生产方向。主要饲养杂一代母羊和少量杂二代母羊。生产水平不如低地生产体系。

山地生产体系(海拔400～900米):主要出栏各种杂交羔羊,为高原地区提供繁殖母羔,为低地提供待育肥的公羔。山地养羊业的另一个特点是将产3～4胎的淘汰母羊销往低地和平原地区作繁殖用。

3. 新西兰 新西兰是世界上生产羊肉最多的国家之一,年生产羊肉60多万吨,其中2/3以上属羔羊肉。生产的羊肉一半以上出口。每年屠宰的主要是羔羊和1岁羊,胴体重15～16千克,脂肪含量24%(国际上要求胴体脂肪含量不超过30%,否则就是过肥的)。

新西兰在羊肉生产中,主要是抓哺乳期羔羊的放牧饲养,除在优质牧场放牧外,还补给少量的干草、青贮饲料和精料。多年来通过生产实践摸索出了不少经验,同时围绕羊肉生产进行了一些研究工作。

4. 澳大利亚 澳大利亚以饲养美利奴羊为主,美利奴羊约占全国绵羊总数的75%,肉毛兼用的半细毛羊占总羊数的25%。澳大利亚虽然以生产羊毛为主,但对羊肉生产也不放松。以生产羔羊肉为主,主要是利用英国的早熟肉用品种公羊与美利奴母羊杂交羊生产羊肉,年产羊肉75万吨。据资料介绍,在每年屠宰的羊中,15月龄的羊占40%～45%,大多数是阉羊或母羊。80%的羊肉在国内销售。

澳大利亚羔羊肉主要向中东国家出口,这些国家要求瘦肉型羊肉,其腰部的脂肪一般为1～2毫米厚。对羔羊胴体要求不同,伊朗要求12～18千克,阿拉伯联合酋长国要求10～14千克,阿曼要求9～16千克。

澳大利亚肥羔生产,大多数生产者采用美利奴羊为母本,同

边区莱斯特公羊杂交，杂交一代公羊育肥，杂交一代母羊再与无角道赛特公羊杂交，杂交羊用于肥羔生产。

（二）国外羔羊育肥技术措施

1. 培育或引进早熟、高产肉用羊新品种 早熟、多胎、多产、肉用性能好是肥羔生产专业化、工厂化的一个重要条件。因此，必须培育适合集约化饲养、整批管理、全年繁殖、计划周转的多胎多产、早熟、生长快的新品种。20 世纪 70 年代以来，世界各国在培育肉用羊新品种时，育种的主要目标是母羊性成熟早、全年发情、产羔率高、泌乳力强、羔羊生长发育快、饲料报酬高、肉用性能好。同时，还要考虑适应性和抗病能力强等。如英国育成的考勃来羊，是用边区莱斯特公羊与克伦森母羊杂交，杂种一代再与有角道赛特公羊交配，然后用三品种杂种羊进行自群繁育。在此过程中还吸收了东费里逊羊的部分血液，这个品种具有全年发情、产羔率 200%～250%、产奶量高、肉用性能和羊毛品质好等特点。

2. 开展经济杂交 在生产肥羔过程中，很多国家，特别是英国、新西兰、美国、澳大利亚和阿根廷等，非常重视采用经济杂交作为生产羔羊肉的基本手段，其主要原因是能充分利用杂种优势。英国主要采用的杂交方案有：肉用父系品种为南丘、萨福克等，母系品种有罗姆尼、派伦代、柯泊华斯及考力代。在澳大利亚，通常用边区莱斯特公羊与美利奴母羊交配，然后再用南丘羊或有角道赛特公羊与杂种母羊配种，所生产的肥羔效果很好。但是，由于各地自然条件不同，在选择杂交用的公羊品种时也不一样。在气候炎热的干旱地区，主要选用边区莱斯特公羊；在气候潮湿的地区则选用罗姆尼公羊；在气候条件适宜、饲草条件比较丰富的地区，选用南丘公羊和有角道赛特公羊；萨福克羊在南澳与维多利亚州应用比较普遍，生产的肥羔也较好。我国在进行肥羔生产时也应考虑当地的气候特点，选用合适的种公羊品种，这样才能收到良好效果。

3. 同期发情 同期发情是现代羔羊育肥生产中一项重要的繁殖技术，对于肥羔专业化、工厂化整批生产更是不可缺少的一环。利用激素使母羊发情同期化，可使配种时间集中，节约劳动力。最重要的是利于发挥人工授精的优点，提高优秀种公羊的利用率，使羔羊年龄整齐，便于管理。

4. 早期断奶 早期断奶，控制哺乳期，是缩短母羊产羔间隔和控制繁殖周期，达到一年两胎或两年三胎，多胎多产的一项重要技术措施。羔羊早期断奶是工厂化生产的重要环节，是大幅度提高产品率的基本措施，从而被认为是养羊生产环节的一大革新。

二、我国羔羊育肥生产现状及发展趋势

随着市场经济的发展，我国羊肉生产近年来有了长足的发展，当年羔羊育肥出栏占的比例越来越大，人们对羔羊肉也越来越偏爱，因而发展肥羔生产有广阔的市场前景。

（一）我国羔羊育肥生产现状

我国近10年来，肉羊出栏及羊肉产量逐年上升，2014年我国羊肉产量约428万吨。近年来为提高我国羊肉生产水平，相继引进了肉用性能好的杜泊羊、萨福克羊、道赛特羊、德克塞尔羊、夏洛莱羊、波尔山羊等品种，杂交改良当地绵、山羊，提高产肉性能非常明显。各地利用引进优良品种进行经济杂交，发展当地的羔羊肉生产。

近年来，我国在羔羊肉生产中非常重视应用经济杂交。如内蒙古自治区用德国美利奴公羊与蒙古母羊杂交，杂种一代断奶后放牧加补饲育肥100天，公羔活重达26.25千克，比本地蒙古羊羔羊提高34.62%；新疆用罗姆尼公羊与当地细毛羊母羊杂交，断

奶后放牧加补饲育肥 60 天，杂种羔羊的胴体重比当地羔羊提高 15.19%；河北用无角道赛特公羊与小尾寒羊杂交，出栏体重提高 20%以上；山东杜泊公羊与小尾寒羊杂交，日增重提高 20%以上。

尽管我国肉羊生产取得了显著的成就，但也应看到我国肉羊生产基础脆弱，出栏率和商品率不高，出栏羊平均胴体重 16 千克，而美国为 28 千克，世界平均水平为 15 千克。生产水平的差距应该引起我们的重视。

（二）我国羔羊育肥发展趋势

我国现有天然草地 4.24 亿公顷，其中牧区和半农半牧区天然草地 3.14 公顷，农区草山草坡 1.1 公顷，为放牧养羊提供了广阔的饲草基地。同时，全国近 1 亿公顷耕地，每年约产 7 亿多吨农作物秸秆和大量加工副产品，为羔羊育肥提供了丰富的粗饲料资源。根据国情，今后要建立饲草饲料加工利用体系，改良现有草场，建立人工草场，推行粗饲料科学加工。同时，借鉴国外先进经验，建立完整的良种、育肥、经营配套体系，发展我国羔羊育肥产业。

1. 培育早熟肉羊品种　培育新的肉羊品种是我国肉羊生产向多层次、集约化、工厂化饲养的先决条件。肉用型羊培育品种，要求母羊性成熟早，全年发情，产羔率高，泌乳性能强，母性好，抗病力强；要求羔羊生长发育快，饲料转化率高，肉用性能良好。主要方法是引用国内外优良的肉羊绵、山羊公羊与当地品种进行经济杂交或轮回杂交，利用杂种优势生产肉羊，特别是肉用肥羔；在大面积杂交的基础上，在生态经济条件和生产技术条件比较好的地区或单位，通过有目的、有计划的选育，培育出各具特色的早熟、高产、多胎的专门化肉羊新品种。

2. 建立肉羊杂交繁育体系　我国许多地方绵、山羊品种生产性能不高，实行经济杂交，利用杂种优势，发展羊肉生产，是提高肉羊产肉性能的有效措施。一般来说,纯种之间遗传性能差别越大,杂种优势越明显。在绵羊方面,较好的杂交父本,有从国外引进的萨福克羊、无角道赛特羊、杜泊羊、德国肉用美利奴羊、夏洛莱羊,也可利用我国肉用性能较好的地方品种,母羊可用各地的土种绵羊;山羊有引进的波尔山羊和我国的南江黄羊、马头山羊等地方良种,用它们与本地山羊杂交,能产生明显的杂种优势,提高产肉性能。

经济杂交可以用两个品种杂交,产生的一代杂种全部用作产肉;也可用三品种杂交,即先用两个品种杂交产生杂种一代母羊与第三个品种公羊杂交,每一代所产公羔均作育肥;甚至可用3个以上品种轮回杂交,后代供作商品育肥肉羊。

3. 加强羔羊育肥生产配套技术的研究 目前,羔羊育肥生产的主要问题仍是饲养过于粗放,饲料品种单一,饲料配方不合理。今后必须向广大养羊户宣传羔羊饲养管理技术知识,强调饲料合理搭配、调制。一些上规模的羊场应按饲养标准严格进行饲养,科学管理,使其发挥科技示范作用,借以带动肉羊业向高产、优质、高效方向发展,并逐步实现羔羊育肥标准化生产。

第二章

羔羊育肥可利用的绵、山羊品种

一、国外引进的主要绵、山羊品种

萨福克羊

原产于英国英格兰东南的萨福克、诺福克、剑桥和艾塞克斯等地。以南丘羊为父本，以当地体格大、瘦肉率高的黑脸有角诺福克羊为母本杂交培育而成。是19世纪初培育出来的品种。

公、母羊无角，颈粗短，胸宽深，背腰平直，后躯发育丰满。成年羊头、耳及四肢为黑色，被毛有有色纤维。四肢粗壮结实。

该品种早熟，生长发育快，产肉性能好，母羊母性好。体重成年公羊100～110千克，母羊60～70千克。3月龄羔羊胴体重达17千克，肉嫩脂少。产羔率130%～140%。因早熟、产肉性能好，在美国用作肥羔生产的终端品种。

我国从20世纪70年代起先后从澳大利亚、新西兰等国引进，主要分布在新疆、内蒙古、北京、宁夏、吉林、河北和山西等省、自治区。适应性和杂交改良地方绵羊效果显著。毛杨毅等(2002)用萨福克公羊与小尾寒羊杂交，6月龄萨×寒一代杂种公羊体重为35.20千克，母羊31.89千克，比小尾寒羊分别提高

127.68%和131.93%;周岁萨×寒一代杂种公羊体重54.33千克,母羊为50.12千克,与小尾寒羊相比,分别提高70.69%和74.82%。

无角道赛特羊

原产于大洋洲的澳大利亚和新西兰。以雷兰羊和有角道赛特羊为母本,考力代羊为父本,然后再用有角道赛特公羊回交,选择所生无角后代培育而成。

公、母羊无角,颈粗短,胸宽深,背腰平直,躯体呈圆桶状,四肢粗短。后躯丰满,面部、四肢及蹄白色,被毛白色。

体重成年公羊90～100千克,母羊55～65千克。胴体品质和产肉性能好。产羔率130%左右。该品种具有早熟、生长发育快、全年发情、耐热及适应干燥气候的特点。在澳大利亚作为生产大型羔羊肉的父系。

20世纪80年代以来,我国许多省(市)先后从国外引入无角道赛特羊,对各地的绵羊进行了杂交改良,效果良好。陈维德等(1995)研究表明,在新疆,用无角道赛特羊与当地细毛杂种羊杂交,杂种一代5月龄宰前活重达34.07千克,胴体重16.67千克,净肉重12.77千克。姚树清等(1995)用无角道赛特与小尾寒羊杂交,6月龄杂种一代体重40.44千克。2000年甘肃省用其来改良当地土种羊,杂种一代初生重比土种羔羊提高1.3千克,4月龄宰前活重平均31.39千克,胴体重16.19千克。

德国肉用美利奴羊

原产于德国,主要分布在萨克林州农区。用泊列考斯和英国莱斯特公羊同德国原产地的美利奴母羊杂交培育而成。

公、母羊均无角,颈部及体躯皆无皱褶。体格大,胸宽深,背腰平直,肌肉丰满,后躯发育良好。被毛白色,密而长,弯曲明显。

体重成年公羊100～140千克，母羊70～80千克。羔羊生长发育快，日增重300～350克，130天屠宰活重可达38～45千克，胴体重18～22千克，屠宰率47%～49%。繁殖能力强，性早熟，产羔率150%～250%。该品种用于改良我国某些地区本地细毛羊的效果显著。

1995年我国由德国引入该品种羊，饲养在内蒙古自治区和黑龙江等省。除进行纯种繁育外，还与细毛杂种羊和本地羊杂交，后代生长发育快，产肉性能好。内蒙古自治区利用当地细杂羊为母本，德国肉用美利奴羊为父本，历经20余年培育出肉毛兼用品种——巴美肉羊。肖玉琪等(2003)用德国美利奴羊公羊与湖羊母羊杂交，羔羊8月龄平均体重45.83千克，比湖羊提高36.1%。

夏洛莱羊

原产于法国中部的夏洛莱丘陵和谷地。以英国莱斯特羊、南丘羊为父本，当地的细毛羊为母本杂交育成。1984年正式得到法国农业部的承认，并定为品种。

体型大，胸宽深，背腰长平，后躯发育好，肌肉丰满。被毛白而细短，头无毛或有少量粗毛，四肢下部无细毛。皮肤呈粉红色或灰色。

体重成年公羊110～140千克，母羊80～100千克；周岁公羊70～90千克，母羊50～70千克；4月龄育肥羔羊35～45千克。屠宰率约50%。4～6月龄羔羊胴体重20～23千克，胴体质量好，瘦肉多，脂肪少。产羔率在180%以上。

该品种早熟，耐粗饲，采食能力强，对寒冷潮湿或干热气候适应性良好，是生产肥羔的优良品种。在20世纪80年代末和90年代初引入我国，开始同当地粗毛羊杂交生产羔羊肉。

我国在20世纪80年代末，由内蒙古和河北等地分别引入。除进行纯种繁育外，还杂交改良地绵羊。戴旭明等(1992)用夏洛莱公羊与湖羊母羊杂交，杂交羔羊初生重公、母羔分别较湖羊提高30.22%和33.3%，杂交羔羊育肥87天平均日增重较湖羊提高15.6%。

德克塞尔羊

德克塞尔羊原产于荷兰德克塞尔岛沿岸，最初本地德克塞尔羊属短脂尾羊，在18世纪中叶引入林肯羊、莱斯特羊进行杂交，19世纪初育成德克塞尔肉羊品种。

德克塞尔羊光脸、光腿，腿短，宽脸，黑鼻，短耳，部分羊耳部有黑斑，体型较宽，被毛白色。

体重成年公羊100～120千克，母羊70～80千克。母羊性成熟大约7月龄，繁殖季节接近5个月，产羔率高，初产母羊产羔率130%，二胎产羔率170%，三胎以上可达195%。母性强，泌乳性能好，羔羊生长发育快，双羔羊日增重达250克，断奶重(12周龄)平均25千克，24周龄屠宰体重平均为44千克。

20世纪60年代初法国曾赠送给我国一对德克塞尔羊，当时饲养在中国农业科学院北京畜牧研究所，1996年该所又引入少量该品种；1995年黑龙江大山种羊场引进德克塞尔公羊10只，母羊50只；2001年河北从澳大利亚引进该品种公羊18只，母羊200只，饲养在河北威特公司，随后很多省、市又从澳大利亚引进。各地利用该品种与我国的湖羊、东北细毛羊和小尾寒羊等地方品种进行杂交，均取得了较好的杂交效果。孙洪新等(2011)对小尾寒羊及其与德克赛尔杂交后代羔羊的羊肉品质进行对比，表明德寒杂交羔羊的肉色、肌间脂肪和营养价值均优于小尾寒羊。

杜泊羊

杜泊羊原产于南非，用有角道赛特公羊与黑头波斯母羊杂交育成。

杜泊羊属于粗毛羊，有黑头和白头两种，大部分无角，被毛白色，可季节性脱毛，短瘦尾。杜泊羊体型大，外观圆筒形，胸深宽，后躯丰满，四肢粗壮结实。

成年公羊体重 90～120 千克，母羊 60～80 千克，在南非，羔羊 105～120 天体重可达 36 千克，胴体重达 16 千克，母羊常年发情，可达两年三产，繁殖率 150%，母羊泌乳性能好。杜泊羊适应性很强，耐粗饲。

我国于 2001 年 5 月由山东省东营市首次引进。河南、河北、北京、辽宁、宁夏、陕西等省、市近年来已有引进。用其与当地羊杂交，效果显著。山东省农业科学院畜牧兽医研究所以杜泊羊为父本，小尾寒羊为母本开展杂交，杂交公羔育肥至 5 月龄，平均屠宰率为 55.09%，比小尾寒羊提高 8.83%，眼肌面积比小尾寒羊增加 27.2%，净肉重比小尾寒羊提高 32.48%。

波德代羊

原产于新西兰，在新西兰南岛用边区莱斯特公羊与考力代母羊杂交，杂交一代横交至四五代培育成的肉毛兼用绵羊品种。自 20 世纪 70 年代以来进一步横交固定以巩固其品种特征，1977 年在新西兰建立种畜簿。

波德代公、母羊均无角。耳朵直而平伸，脸部毛覆盖至两眼连线，四肢下部无被毛覆盖。背腰平直，肋骨开张良好。眼睑、鼻端有黑斑，蹄呈黑色。

波德代公、母羊育种场成年公羊平均体重 90 千克，成年母羊平均体重 60～70 千克。繁殖率 140%～150%，最高达 180%。波德代羊适应性强，耐干旱，耐粗饲，羔羊成活率高。

2000 年我国甘肃省首次引进波德代羊。体重成年公羊 75～95 千克，成年母羊 55～70 千克。母羊发情季节集中，繁殖率高，产羔率 120%～160%，其中产双羔率为 62.26%，产三羔率为 6.27%。

平均初生重:公羔 4.87 千克,母羔 4.41 千克。周岁体重:公羊 62.79 千克,母羊 49.56 千克。改良当地土种羊效果显著,杂种一代初生重比当地土种羊提高 1.5 千克,1 月龄和 4 月龄体重分别比当地羊提高 10.87%和 33.48%,4 月龄断奶羊屠宰平均胴体重达 16.59 千克。

波尔山羊

波尔山羊原产于南非共和国。波尔山羊的真正起源尚不清楚,但有资料说可能来自南非洲的霍屯督人和游牧部落斑图人饲养的本地山羊,在形成过程中还可能加入了印度山羊、安哥拉山羊和欧洲奶山羊的基因。南非波尔山羊大致可分为 5 个类型,即普通型、长毛型、无角型、土种型和改良型。目前,世界各国引进的主要是改良型波尔山羊,现已分布到非洲、德国、加拿大、澳大利亚、新西兰及亚洲等国。

波尔山羊头大额宽,鼻梁隆起,嘴阔,唇厚,颌骨结合良好,眼睛棕色,目光柔和,耳宽长下垂,角坚实而向后、向上弯曲。颈粗壮,长度适中。肩肥宽,颈肩结合好。胸平阔而丰满,鬐甲高平。体长与体高比例合适,肋骨开张良好。腹圆大而紧凑,背腰平直,后躯发达,尻宽长而不斜,臀部肥厚但轮廓可见。整个体躯呈圆桶状。四肢粗壮,长度适中。全身被毛短而有光泽,头部为浅褐色或深褐色。两耳毛色与头部一致,颈部以后的躯干和四肢均为白色。全身皮肤松软,弹性好,胸部和颈部有皱褶,公羊皱褶较多。

波尔山羊羔羊初生重 3～4 千克,断奶前日增重可达 200 克以上,6 月龄体重可达 30 千克。体重成年公羊 90～130 千克;成年母羊 60～90 千克。波尔山羊的屠宰率 8～10 月龄时为 48%,周岁、2 岁、3 岁时分别为 50%、52%和 54%。公、母羔 5～6 月龄时性成熟,但公羊应在周岁后正式用于配种,母羊的初配时间应为 8～10 月龄,母羊平均产羔率为 160%～200%。

该品种已被世界上许多国家引进，通过改良当地山羊提高其产肉性能，各杂交组合均表现出明显的改良效果。因此，该品种被推荐为杂种肉山羊的终端父系品种。我国自1995年首次引进波尔山羊以来，发展迅速，已遍及全国各地，对国内肉山羊业的发展起到了积极的推动作用。

二、我国主要绵羊品种

大尾寒羊

原产于河北南部的邯郸、邢台以及沧州地区的部分县（市），山东聊城市的临清、冠县、高唐以及河南的郏县等地。

大尾寒羊头稍长，鼻梁隆起，耳大下垂，公、母羊均无角。颈细稍长，前躯发育欠佳，后肢发育良好，尻部倾斜，乳房发育良好。尾大肥厚，长过飞节，有的接近或拖及地面。毛色为白色。

成年公、母羊平均体重分别为72千克和52千克；尾重成年母羊10千克左右，种公羊高达35千克。成年公羊屠宰率54.21％，净肉率45.11％，尾脂重7.80千克。

大尾寒羊性成熟早，母羊一般为5～7月龄，公羊为6～8月龄。母羊初配年龄10～12月龄，公羊1.5～2岁开始配种。全年发情，可一年两产或两年三产。产羔率为185％～205％。

小尾寒羊

原产于河南新乡、开封地区，山东的菏泽、济宁地区，以及河北南部、江苏北部和淮北等地。

小尾寒羊四肢较长，体躯高大，前后躯都较发达。脂尾短，一般都在飞节以上。公羊有角，呈螺旋状；母羊半数有角，角小。头、颈较长，鼻梁稍隆起，耳大下垂。被毛为白色，少数头部及四肢有黑褐色斑点、斑块。

小尾寒羊成年公、母羊平均体重分别为94.1千克和48.7千克;3月龄公、母羔平均断奶重可达20.8千克和17.2千克。3月龄羔羊平均胴体重8.49千克,净肉重6.58千克,屠宰率为50.6%,净肉率为39.21%;周岁公羊平均胴体重40.48千克,净肉重33.41千克,屠宰率和净肉率分别为55.60%和45.89%。

小尾寒羊性成熟早,母羊5～6月龄发情,公羊7～8月龄可配种。母羊全年发情,可一年两产或两年三产,产羔率平均261%。

同　羊

原产于陕西渭南、咸阳两地区北部各县,延安市南部和秦岭山区也有少量分布。

同羊全身被毛纯白,公、母羊均无角,部分公羊有栗状角痕,颈长,部分个体颈下有一对肉垂。体躯略显前低后高,鬐甲较窄,胸部较宽而深,肋骨开张良好。公羊背部稍凹,母羊短直且较宽。腹部圆大。尻斜而短,母羊较公羊稍长而宽。尾的形状不一,但多有尾沟和尾尖,90%以上的个体为短脂尾。

同羊体重成年公羊39.57千克,成年母羊37.15千克。屠宰率公羊为47.1%,母羊为41.7%。母羊一般一年一产、一胎一羔。

乌珠穆沁羊

原产于内蒙古自治区锡林郭勒盟东北部东乌珠穆沁旗和西乌珠穆沁旗,以及毗邻的阿巴哈纳尔旗、阿巴嘎旗部分地区。

乌珠穆沁羊体格高大,体躯长,背腰宽,肌肉丰满,全身骨骼坚实,结构匀称。鼻梁隆起,额稍宽,耳大下垂或半下垂。公羊多数有半螺旋状角,母羊多数无角。脂尾厚而肥大,呈椭圆形。尾的正中线出现纵沟,脂尾分成左右两半。毛色混杂,全白者占10.43%;体躯为白色、头颈为黑色者占62.1%;体躯杂色者占11.74%。

乌珠穆沁羊生长发育快，4月龄体重公、母羔分别为33.9千克，32.1千克。成年公、母羊体重分别为74.43千克，58.4千克。屠宰率平均为51.4%，净肉率为45.64%。母羊一年一产，平均产羔率为100.2%。

阿勒泰大尾羊

原产地为新疆维吾尔自治区北部阿勒泰地区的福海县、阿勒泰县和富蕴县。

阿勒泰大尾羊头部大小适中，鼻梁稍隆起，公羊隆起较甚。耳大下垂，公羊有较大的螺旋形角，母羊多数有角，角小。颈长中等，胸宽深，鬐甲平宽，背腰平直，肌肉发育良好。后躯较前躯高，股部肌肉丰满，四肢高大结实。尾脂呈方圆形，被覆短而深的毛，尾脂下缘正中部有浅纵沟，将脂尾分成对称的两半。被毛颜色以棕红为主，约占41%；头为黄色，体躯为白色的占27%，纯黑和纯白的各占16%。

阿勒泰大尾羊平均体重成年公羊85.6千克，成年母羊67.4千克。平均屠宰率成年羯羊53%，5月龄羯羊为48.1%。平均产羔率110.3%。

蒙古羊

蒙古羊是我国分布最广的一个古老的粗毛、脂尾绵羊品种，原产于蒙古高原，广泛分布于我国的华北、华东、东北和西北等大多数省、市、自治区。

蒙古羊由于分布地区广，各地的自然条件差异大，体型外貌有很大差别，其基本特点是体质结实、骨骼健壮、头型略显狭长、鼻梁隆起、背腰平直。被毛白色居多，头、颈、四肢有黑、黄褐色斑块。公羊多数有角，母羊多数无角或有小角，角与毛色的整齐程度因地区选育条件而异。耳大下垂、颈长短适中，胸深，肋骨不够开张。短脂尾，尾的形状不一，尾长一般大于尾宽，有的尾尖卷曲呈S形，尾部储存脂肪秋冬肥大而春季瘦小。

成年公羊体重45～65千克，剪毛量1～2千克；成年母羊体重35～55千克，剪毛量0.8～1.5千克，屠宰率40％～54％。产羔率100％～105％，一般一胎一羔。

西藏羊

西藏羊原产于西藏高原，分布于西藏、青海、四川北部以及云南、贵州等地的山岳地带。西藏羊分布面积大，由于各地海拔、水热条件的差异，因而形成了一些各具特点的自然类群。依其生态环境，结合其生产、经济特点，西藏羊主要分为高原型(或草地型)和山谷型两大类。

高原型(草地型)西藏羊体质结实，体格高大，四肢端正较长，体躯近似方形。公、母羊均有角，公羊角长而粗壮，呈螺旋状向左右平伸，母羊角细而短，多数呈螺旋状向外上方斜伸。鼻梁隆起，耳大而不下垂。前胸开阔，背腰平直，十字部稍高，紧贴臀部有扁锥形小尾。毛色全白者占6.85％，头肢杂色者占82.6％，体躯杂色者占10.5％。体重成年公羊50.8千克，成年母羊为38.5千克。剪毛量成年公羊为1.42千克，成年母羊为0.97千克，成年羯羊的平均屠宰率为43.11％。

山谷型西藏羊的明显特点是体格小，结构紧凑，体躯呈圆桶状，颈稍长，背腰平直。头呈三角形，公羊多有角，短小，向后上方弯曲；母羊多无角，毛色甚杂。平均体重成年公羊为36.79千克，成年母羊为29.69千克。平均剪毛量成年公羊为1.5千克，成年母羊为0.75千克。平均屠宰率为48.7％。西藏羊一般一年一胎，一胎一羔。

哈萨克羊

哈萨克羊分布在天山北麓、阿尔泰山南麓及准噶尔盆地，阿山、塔城等地区。除新疆外，甘肃、青海、新疆三省（自治区）交界处也有哈萨克羊。

哈萨克羊鼻梁隆起，公羊有较大的角，母羊无角。耳大下垂，背腰宽，体躯浅，四肢高而粗壮。尾宽大，下有缺口，不具尾尖，形似“W”。毛色不一，多为褐、灰、黑、白等杂色。

哈萨克羊成年公、母羊体重分别为60～85千克和45～60千克。剪毛量成年公羊为2.61千克，成年母羊为1.88千克。净毛率分别为57.8%和68.9%。羊毛长度成年公羊毛辫长度为11～18厘米，成年母羊毛辫为5.5～21厘米。屠宰率为49.0%左右。初产母羊平均产羔率为101.24%，成年母羊为101.95%。

滩　羊

滩羊是在特定的自然环境下经长期定向选育成的一个独特的裘皮羊品种。主要分布在宁夏贺兰山东麓的银川市附近各县，以及甘肃、内蒙古、陕西和宁夏毗邻的地区。

滩羊体格中等，公羊有大而弯曲呈螺旋形的角，母羊一般无角，颈部丰满，长度中等，背平直，体躯狭长，四肢较短，尾长下垂，尾根宽阔，尾尖细长呈“S”状弯曲或钩状弯曲，达飞节以下。被毛多为白色，头部、眼周围和两颊多有褐色、黑色、黄色斑块或斑点，两耳、嘴端、四肢上部也多有类似的色斑，纯黑、纯白者极少。

滩羊成年公、母羊平均体重为47.0千克和35.0千克，二毛皮是滩羊的主要产品，是羔羊出生后30天左右宰取的羔皮。此时毛股长7～8厘米，被毛呈有波浪形弯曲的毛股状，毛色洁白，花案清晰，光泽悦目，毛皮轻便，不毡结，十分美观。剪毛量成年公羊为1.6～2.6千克，成年母羊0.7～2千克。净毛率65%左

右，成年羯羊屠宰率为45.0%左右。滩羊一般一胎一羔。

湖　羊

湖羊是我国特有的羔皮用绵羊品种，也是目前世界上少有的白色羔皮品种，主要分布在浙江的吴兴、嘉兴、桐乡、余杭、杭州和江苏的吴江等县及上海的部分郊区县。

湖羊头狭长，鼻梁隆起，眼大突出，耳大下垂(部分地区湖羊耳小，甚至无突出的耳)，公、母羊均无角。颈细长，胸狭窄，背平直，四肢纤细。短脂尾，尾大呈扁圆形，尾尖上翘。全身白色，少数个体的眼圈及四肢有黑、褐色斑点。

该品种体重成年公羊48.7±8.7千克，成年母羊36.5±5.3千克。被毛异质，剪毛量成年公羊1.65千克，成年母羊1.17千克。屠宰率40%～50%。母羊产羔率228.9%。

兰州大尾羊

兰州大尾羊分布于甘肃省兰州市及其郊区县。清朝同治年间(1862—1875年)，从同州(今陕西省大荔县一带)引进同羊与本地绵羊(伏地羊)杂交，经过长期的选择和培育，形成了今日的兰州大尾羊。

兰州大尾羊被毛纯白，异质。头大小中等，公、母羊均无角。脂尾肥大，方圆平展，自然下垂达飞节，尾中有沟，将尾分为左右对称两瓣，尾尖外翻，紧贴中沟，尾面着生被毛，内面光滑无毛呈淡红色。

兰州大尾羊体格大，早期生长发育快，肉用性能好。体重周岁公羊53.1千克，周岁母羊42.6千克；成年公羊57.89千克，成年母羊44.35千克。10月龄羯羔胴体重21.34千克，净肉重15.04千克，尾脂重2.46千克，屠宰率58.57%，胴体净肉率78.17%，母羊产羔率117.0%。

巴音布鲁克羊

巴音布鲁克羊又称茶腾羊，属肉脂兼用的粗毛羊品种。主要分布在新疆和静县的巴音布鲁克区。产地地处天山中部的山间盆地——尤尔都斯盆地，海拔2 500～2 700米，气候严寒、干旱、多风、不积雪或少积雪，年平均气温－4.7℃，草场属高寒草原草场和高寒草甸草场。

巴音布鲁克羊体格中等大小，头较窄长，耳大下垂。公羊多有螺旋形角，母羊有的有角，有的仅有角痕。毛色以头颈黑色、体躯白色者为主，被毛异质，干死毛含量较多。前躯发育一般，后躯发达，肢长而结实，体质坚硬。尾部脂肪沉积可分为W形、U形和倒梨形。

该品种平均体重成年公羊69.5千克，成年母羊43.2千克。4月龄平均活重公羔26.8千克，母羔26.9千克。平均剪毛量成年公羊2.1千克，成年母羊1.48千克。平均屠宰率为43%～46%，母羊产羔率102%～103%。

多浪羊

多浪羊是新疆的一个优良肉脂用型绵羊品种，主要分布在塔克拉玛干大沙漠的西南边缘，叶尔羌河流域的麦盖提、巴楚、乐普湖和莎车等县，因其中心产区在麦盖提县，故又称麦盖提羊。

多浪羊头较长，鼻梁隆起，耳大下垂，眼大有神，公羊无角或有小角，母羊无角。颈窄而细长，胸宽深，肩宽，肋骨滚圆，背腰平直，躯干长，后肢肌肉发达。尾大而不下垂，尾沟深。四肢高而有力，蹄质结实。初生羔羊全身被毛多为褐色或棕黄色，也有少数为黑色或深褐色，个别为白色，第一次剪毛后体躯毛色多变为灰白色或白色，但头部、耳及四肢保持初生时毛色，一般终生不变。被毛分为粗毛型和半粗毛型两种，粗毛型毛质较粗，干死毛含量较多;半粗毛型两型毛含量多,干毛少,是较优良的地毯用毛。

多浪羊特点是生长发育快,早熟,体格硕大,肉用性能好,母羊常年发情,繁殖性能好。该品种平均体重周岁公羊 63.3 千克,周岁母羊 45.0 千克;成年公羊 105.9 千克,成年母羊 58.8 千克。母羊舍饲条件下常年发情,初配年龄一般为 8 月龄,大部分两年三产,80%以上的能保持多胎特性,产羔率 200%以上,双羔率可达 50%～60%,三羔率 5%～12%,并有产四羔者。

和田羊

和田羊属短脂尾异质地毯毛羊,主要分布在新疆和田地区。产地南倚昆仑山,北接塔里木盆地,降水量稀少,蒸发强烈,干旱,温差大,日照辐射强度大,持续时间长。草场为植被稀疏、牧草种类单一的荒漠和半荒漠草原。长年在这样的生态条件下生存,和田羊具有独特的耐干旱、耐炎热和耐低营养水平的品种特点。

和田羊头清秀,鼻梁隆起,颈细长,耳大下垂。公羊多数有螺旋形角,母羊多数无角。胸窄,肋骨开张不够。四肢长,肢势端正,蹄质结实。短脂尾,其尾形有"砍士曼"尾、"三角"尾、"萝卜"尾和"S"尾等几种类型。毛色杂,全白的占 21.86%,体白而头肢杂色的占 55.54%,全黑或体躯有色的占 22.60%。

该品种平均体重成年公羊 38.95 千克,成年母羊 33.76 千克,屠宰率 37.2%～42.0%。母羊产羔率为 102%左右。

三、我国主要山羊品种

黄淮山羊

黄淮山羊主要分布在河南周口地区的沈丘、淮阳、项城、郸城和驻马店、许昌、信阳、商丘、开封等地;安徽的阜阳、宿州、滁州、

六安以及合肥、蚌埠、淮北、淮南等市郊；江苏的徐州、淮阴两地区沿黄河故道及丘陵地区各县。

黄淮山羊结构匀称，骨骼较细。鼻梁平直，面部微凹，下颌有髯。分有角和无角两个类型，有角者，公羊角粗大，母羊角细小，向上向后伸展呈镰刀状；无角者，仅有0.5～1.5厘米的角基。颈中等长。胸较深，肋骨开张良好，背腰平直，体躯呈桶形。种公羊体格高大，四肢强壮。母羊乳房发育良好、呈半圆形。毛被白色，毛短有丝光，绒毛很少。

该品种成年公、母羊体重分别为33.9千克和25.7千克。羔羊屠宰率49.8%，净肉率40.5%，该品种3～4月龄性成熟，6月龄后可配种，全年发情，一年可产两胎或两年产三胎，产羔率230%左右。

槐山羊

槐山羊分布在河南周口、驻马店、商丘、许昌、开封、安阳、新乡等地区。因其所产板皮自"中清"以后多集中于河南省沈丘县的"槐店镇"出口，故名槐山羊。

槐山羊体格中等，身体匀称，公羊雄健，母羊清秀，分有角（占43.03%）和无角（占56.97%）两个类型。有角羊体格小于无角羊，无角羊具有"三长"（即颈长、腿长、腰身长）的特征。槐山羊被毛短，毛色全白者居多占91.78%，黑色占1.74%，青色占2.03%，浅棕色占2.05%，花色占2.4%。部分羊颈下长有1对肉髯。蹄质坚硬结实，呈蜡黄色。槐山羊属于皮、肉、毛兼用品种。

成年公羊平均体重35千克，母羊平均体重26千克，周岁羯羊屠宰率50%，净肉率40%。槐山羊性成熟早，初配月龄6～7月龄，全年均可发情配种，一般一年两胎或两年三胎，每胎多羔，产羔率平均249%，产单羔母羊占15.5%，双羔占45.3%，三羔占29.2%，四羔占10.0%。槐山羊是发展山羊肥羔生产的好品种。

牛腿山羊

原产于河南省西部鲁山县。牛腿山羊为长毛型白山羊,体格较大,体质结实,结构匀称,骨骼粗壮,肌肉丰满,侧视呈长方形,正视近似圆桶状。头短额宽,公、母羊多数有角,以倒"八"旋形为主。颈短而粗,肩颈结合良好,胸部宽深,肋骨开张良好,背腰平宽,腹部紧凑,后躯肌肉丰满,四肢粗壮,肢势端正。

牛腿山羊成年公、母羊平均体重分别为 46.1 千克和 33.7 千克;周岁公、母羊体重为 23.0 千克和 20.6 千克。周岁羯羊屠宰率 46.02%,母羊为 45.7%,成年羯羊为 49.96%。牛腿山羊板皮质量较好,板皮面积大而厚实,整张均匀度良好,是制革业的上等原料。

牛腿山羊性成熟早,一般为 3～4 月龄。母羊全年发情,以春、秋两季旺盛。母羊初配年龄为 5～7 月龄,一般可一年两胎或两年三胎,产羔率平均 111%。

南江黄羊

原产于四川省南江县,是采用多品种复合杂交,并经多年选择和培育而成的,适于山区放养的肉用型山羊新品种。

南江黄羊具有典型的肉用羊体型。体格较大,背腰平直,后躯丰满,体躯呈圆桶状。大多数公、母羊有角,头型较大,颈部较粗。被毛呈黄褐色,面部多呈黑色,鼻梁两侧有 1 条浅黄色条纹,从头顶部至尾根沿背脊有 1 条宽窄不等的黑色毛带,前胸、颈、肩和四肢上端着生黑而长的粗毛。

南江黄羊成年公、母羊平均体重分别为 59.3 千克和 44.7 千克,周岁公、母羊体重分别为 32.9 千克和 28.8 千克。南江黄羊产肉量高,在放牧无任何补饲条件下,6 月龄、周岁、成年羯羊屠宰前体重分别为 21 千克、25.9 千克和 54.1 千克,屠宰率分别为

47%、48.6%和55.7%，且肉质细嫩，蛋白质含量高，膻味轻。

性成熟早，母羊6月龄可配种，全年发情，可一年两产，平均产羔率207.8%。

成都麻羊

成都麻羊原产于四川省成都平原及附近山区，是肉、皮兼用的优良地方品种。

成都麻羊公、母羊多有角，有髯，胸部发达，背腰宽平，羊骨架大，躯干丰满，呈长方形。乳房发育较好，被毛呈深褐色，腹毛较浅，面部两侧各有1条浅褐色条纹，由角基到尾根有1条黑色背线，在胛部黑色毛沿肩胛两侧向下延伸，与背线结成“十”字形。

成都麻羊体重成年公羊40～50千克，成年母羊30～35千克，成年羯羊平均屠宰率54%。成都麻羊性成熟早，一般3～4个月出现初情期，母羊初配年龄8～10个月，全年发情。平均产羔率210%。

承德无角山羊

原产地为河北省承德地区，产区属燕山山脉的冀北山区，故又名燕山无角山羊。

承德无角山羊体质健壮，结构匀称，肌肉丰满，体躯深广，侧视呈长圆形。头大小适中，公、母羊均无角，但有角痕，有髯。头颈高扬，公羊颈部略短而宽，母羊颈部略扁而长，颈、肩、胸结合良好，背腰平直；四肢强健，蹄质坚实。被毛以黑色为主。

承德无角山羊周岁公、母羊体重分别为32千克和27千克。屠宰率成年公羊为53.4%，成年母羊为43.4%，羯羊为50%。肉细嫩，脂肪分布均匀，膻味小。公羊年平均产绒240克，母羊110克。性成熟较早，5月龄左右，公羊初配年龄为1.5岁，母羊为1岁，一般年产1胎，平均产羔率110%。

由于育成地区的自然条件和粗放的饲养管理，承德无角山羊生长发育和生产性能未能得到充分发挥，其后躯发育略显不足。改善饲养管理条件，是今后提高该品种肉用性能和经济效益的主要措施。

太行山羊

太行山羊主要分布在太行山东西两侧，包括河北省的武安山羊、山西省的黎城大青羊和河南的太行黑山羊。

太行山羊公、母均有角、有髯，角型分为两种：一种为两角在上 1/3 处交叉；另一种为倒“八”字形，背腰平直，四肢结实。毛色有黑、青、灰、褐等色，以黑色居多。

太行山羊成年公、母羊体重分别为 36.7 千克和 32.8 千克，屠宰率 40％～50％；成年公羊抓绒量 275 克，母羊 165 克，绒细度 12～16 微米，绒的长度较短。性成熟年龄为 6 月龄左右，1.5 岁配种，一年一产，产羔率 130％～140％。

西藏山羊

分布在西藏、青海、四川阿坝、甘孜以及甘南等地，产区属青藏高原。

该品种体格较小，公、母羊均有角，被毛颜色较杂，纯白者很少，多为黑色、青色及体白、头和四肢花色。体质结实，前胸发达，肋骨开张良好。

西藏山羊平均体重成年公羊 23.95 千克，成年母羊 21.56 千克，成年羯羊屠宰率 48.31％。产羔率 110％～135％。

隆林山羊

原产于广西西北部山区，广西隆林县为中心产区。具有生长发育快、产肉性能好、繁殖力高、适应性强等特点。

该品种羊体质结实，结构匀称，公、母羊头大小适中，均有角和髯。少数母羊颈下有肉髯。肋骨开张良好，体躯近似长方形，四肢粗壮。毛色较杂，其中白色占38.25%，黑白花色占27.94%，褐色占19.11%，黑色占1.7%。

隆林山羊平均体重成年公羊57(36.5～85.0)千克，成年母羊44.71(28.5～67.0)千克。成年羯羊胴体重平均为31.05千克，平均屠宰率为57.83%，肌肉丰满，胴体脂肪分布均匀，肌纤维细，肉质鲜美，膻味小。一般两年三胎，每胎多产双羔，一胎产羔率平均为195.18%。

贵州白山羊

主要产于贵州省遵义、铜仁两地区二十几个县，产区高山连绵，土层瘠薄，基岩裸露面极大，年平均温度13.7℃～17.4℃，年降水量1 000～1 200毫米，草场主要为灌木丛草地和疏林草地。

贵州白山羊多数为白色，少数为麻色、黑色或杂色。公、母羊均有角，无角个体占8%以下，被毛较短。

贵州白山羊体重成年公羊32.8千克，成年母羊30.8千克。屠宰率1岁羯羊53.3%。板皮质地紧致、细致、拉力强，板幅较大。母羊可全年发情，春、秋两季较为集中，大多数羊只两年三胎，平均产羔率273.6%。

雷州山羊

雷州山羊主要分布于广东省湛江地区的雷州半岛，该品种耐粗饲、耐热、耐潮湿、抗病力强，适于炎热地区饲养。

雷州山羊体格大，体质结实，公、母羊均有角、有髯、颈细长，耳向两侧竖立开张，鬐甲稍高起，背腰平直，胸稍窄，腹大而下垂。被毛多为黑色，少数羊被毛为麻色或褐色。雷州山羊从体型上看，可分为高腿和短腿两种类型。前者体型高，骨骼较粗，乳房不发达;后者体型矮,骨骼较细,乳房发育良好。

3岁以上公、母羊平均体重为54.0千克和47.7千克;2岁公、母羊分别为50.0千克和43.0千克;周岁公、母羊分别为31.7千克和28.6千克。屠宰率平均为46%左右。雷州山羊繁殖率高,3～6月龄达到性成熟,5～8月龄初次配种,一般一年两产,平均产羔率203%。

济宁青山羊

济宁青山羊产于山东省西南部,主要分布在菏泽、济宁地区。该地区为黄河下游冲积平原,地势平坦,属于半湿润温暖型气候,具有大陆性气候特点。

济宁青山羊是一个以多胎高产和生产优质猾子皮著称于世的小型山羊品种。公、母羊均有角和髯,公羊角粗长,母羊角短细。公羊颈粗短,前胸发达,前高后低;母羊颈细长,后躯较宽深。四肢结实,尾小上翘。由于黑白毛纤维混生比例不同,被毛分为正青、铁青和粉青三色,其中以正青居多。毛色与羊只年龄有关,年龄越大,毛色越深。该品种另一个较突出的特征是:被毛、嘴唇、角、蹄为青色,而前膝为黑色,被简单地描述为“四青一黑”。

该品种平均体重成年公羊30千克,成年母羊26千克。济宁青山羊3～4月龄性成熟,可全年发情配种,平均产羔率290%。

马头山羊

原产于湖北省的郧阳、恩施地区和湖南省常德、黔阳地区以及湘西自治州各县。

马头山羊体格大,公、母羊均无角,两耳向前略下垂,有髯,头颈结合良好。胸部发达,体躯呈长方形。被毛以白色为主,毛短,在颈下和后腿部以及腹侧长有较长粗毛。

马头山羊平均体重成年公羊44千克,成年母羊34千克,羔羊生产发育快，可作肥羔生产。2 月龄断奶的羯羔在放牧和补饲条件下，7 月龄时体重可达 23.31 千克，胴体重 10.53 千克，屠宰率 52.34%。成年羯羊屠宰率 60%左右。

性成熟早，一般为 4～5 月龄，初配年龄为 10 月龄。母羊全年发情，以 3～4 月份和 9～10 月份发情旺盛。一年两产或两年三产，多产双羔，产羔率 200%左右。

福清山羊

福清山羊是福建省地方山羊品种，当地群众称之为高山羊或花生羊。主要分布于福建省东南沿海各县，中心产区为福清、平潭县。

福清山羊被毛有深浅不同的 3 种颜色，即灰白色、灰褐色和深褐色。鼻梁至额部有一近似三角形的黑毛区或在眉间至颊部有 2 条黑色毛带。鬐甲处有黑色毛带，沿肩胛两侧向上延伸，与背线相交成“十”字形。体格较小，结构紧凑。头小，呈三角形，公、母羊均有髯。有角个体占 77%～88%，公羊角粗长，向后向下，紧贴头部；母羊角细，向后向上。部分羊只有肉髯，颈长度适中，背腰微凹，尻矮斜。四肢健壮，善攀登。

该品种平均体重成年公羊 30 千克，母羊 26 千克。经过育肥的 8 月龄羯羊平均体重 23 千克。平均屠宰率成年公羊（不剥皮）55.84%，母羊 47.67%。母羊 3 月龄出现初情表现，一般在 6 月龄以后配种，可全年发情，平均产羔率 236%。

第三章
规模化羔羊育肥羊舍建造及环境控制

一、羊舍建造

（一）场址的选择

场址选择是羊场建设、设计遇到的首要问题。选择羊场场址时，应对地势、地形、土质、水源以及居民点的配置、交通、电力等物资供应条件进行全面的考虑。场址选择除考虑饲养规模外，应符合当地土地利用规划的要求，充分考虑羊场的饲草饲料条件，还要符合羊的生活习性及当地的社会自然条件。

1. 地势地形　地势高燥，通风良好，地下水位一般要在2米以下，平坦，背风向阳，排水良好，不能在低洼涝地、水道、风口处和深谷里建场。低洼地或山谷容易积水且道路泥泞，污浊空气不易驱散，夏季通风不良，空气闷热，蚊蝇和微生物易滋生。要远离河槽，以防水灾。

羊场的地形要求开阔、整齐、有足够的面积。若地形不规则或边角太多，不利于规划布局和组织生产。不可位于树木过多的地方，因为树木过多所形成的湿热环境会影响羊只的正常生产，使羊病传播，造成羊产品的污染。

2. 土壤　壤土是羊场理想的建筑用地。壤土的特性介于沙土和黏土之间，易于保持干燥，土温较稳定，膨胀性小，自净能力强，对羊只健康、卫生防疫和饲养管理工作有利。

黏土因其透水性差、吸潮后导热性大，在黏土上修建羊场后，羊舍容易潮湿，冬天寒冷。

3. 水源　水源质量对羊和人员健康极为重要，饮用水水源应清洁、安全、无污染，不经过任何处理或经过净化消毒处理，符合《畜禽饮用水水质标准》(NY 5027—2008)。水源要求水量充足，能够满足场内各项生活、生产、管理用水，便于防护，取用方便。可选择地下水和地表水，饮水以泉水和深井水为最好，洁净的溪水也很好。不能在水源严重不足或水源污染地区建场。

4. 饲草、饲料条件　在建羊场时要充分考虑放牧场地和饲草、饲料条件。在北方牧区和农牧结合区，要有足够的四季牧场和打草场；在南方草山草坡地区，要有足够的轮牧草地；而以舍饲为主的农区和垦区，必须要有足够的饲草、饲料基地或便利的饲草来源，饲料尽可能就地解决。

5. 便于防疫　周边环境及附近的兽医防疫条件是影响羊场经营成败的关键因素之一，选择场址时须充分了解当地和四周疫情，不能在疫区建场，羊场周围的居民和牲畜应尽量少，以便发生疫情时进行隔离封锁。建场前要对历史疫情做详细的调查研究。羊场不能在旧养殖场上改建或扩建，与居民点的距离应保持在300 米以上，与其他养殖场应保持在 500 米以上，距离屠宰场、制革厂、化工厂和兽医院等污染严重地点至少应在 2 000 米以上。做到羊场和周围环境友好发展。辅以植树、挖沟等建立防护防疫设施。

6. 交通、电力方便　羊场要求交通便利，便于饲草运输，特别是大型集约化商品场和种羊场，其物资需求和产品供销量极大，对外联系密切，交通应方便。但为保障防疫卫生，羊场与主要公路的距离应至少 100 米以上,设有围墙时可缩小到 50 米。羊舍最好建在村庄的下风、下水处。

在建场前要了解供电源的位置、与羊场的距离、最大供电允许量、供电是否有保证,可自备发电机,以保证场内供电的稳定可靠。

7. 社会条件 羊场选址要符合当地城乡建设发展规划的用地要求,否则随着城镇建设发展,将被迫转产或向远郊、山区搬迁,造成重大的经济损失。

(二)羊场的规划布局

羊场规划布局的原则:

第一,应体现建场方针、任务,在满足生产要求的前提下,做到节约用地,少占或不占可耕地。

第二,在发展大型规模化育肥羊场时,应当全面考虑粪便和污水的处理和利用。

第三,因地制宜,合理利用地形地物。比如,利用地形地势解决挡风防寒、通风防热、采光等。根据地势的高低、水流方向和主导风向,按人、羊、污的顺序,将各种房舍和建筑设施按其环境卫生条件的需要给予排列(图 3-1);并考虑人的工作环境和生活区的环境保护,使其尽量不受饲料粉尘、粪便气味和其他废弃物的污染。

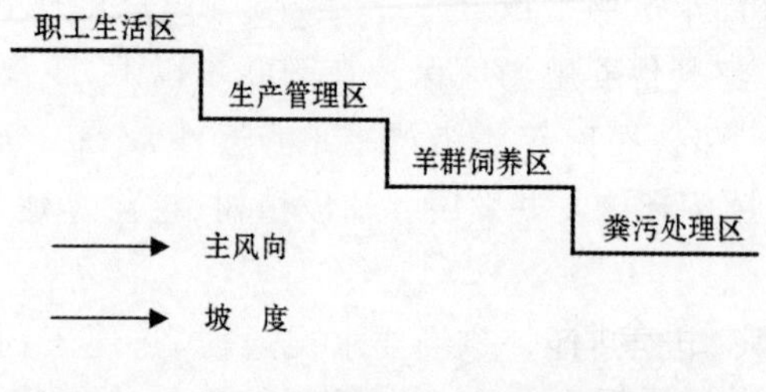

图 3-1 羊场各区依地势、风向配置示意图

第四，应充分考虑以后的发展，规划时要留有余地，对生产区的规划更应注意。

（三）羊舍建筑

1. 羊舍设计的基本参数

(1)羊只占地面积 原则上要保证舍内空气新鲜、干爽，冬暖夏凉。羊舍应有足够的面积，使羊在舍内能够自由运动，使羊不感到拥挤。一般每只羔羊占地 0.8～1.0 米^2。面积太小，羊只拥挤，舍内潮湿、污浊，有碍羊的健康，不便于饲养管理；面积过大，造成设备投资浪费，也不利于冬季保暖。

(2)羊舍的跨度和长度 羊舍长度和跨度除考虑羊只所占面积处，还要考虑生产操作所需要的空间及饲槽利用情况等。羊舍跨度不宜过宽，有窗自然通风羊舍跨度以 6～9 米为宜，利于舍内空气流通。羊舍的长度没有严格的限制，但考虑到设备安装和工作方便，一般以 50～80 米为宜。

(3)羊舍高度 取决于当地的气候条件。在不太炎热的地区，羊舍从地面到天棚的高度一般为 2.5 米左右；炎热的地区羊舍高度 3 米左右；寒冷地区羊舍高度 2 米左右，利于保温。

(4)门、窗 羊舍门一般宽 3 米，高 2 米左右，以免羊进出时拥挤。寒冷地区的羊舍，为防止冷空气直接进入，可在大门外设套门。门框光滑，不应有尖锐的突出物，以免刺伤羊只。不设门槛和台阶，有斜坡即可。羊舍的窗户面积一般占地面面积的 1/15～1/10，距地面 1.5 米以上，以防贼风直接吹袭羊群。窗户向阳，保证舍内充足的光线。

2. 羊舍建造的基本要求

(1)地面 羊舍地面是羊躺卧休息、排泄和生产的地方。地面应利于保暖和清扫消毒。羊舍地面有实地面和漏缝地面两种类型。实地面又以建筑材料不同分夯实黏土、三合土（石灰：碎石：黏土为1：2：4)、石地、砖地、水泥地、木质地面等。黏土地面易于去表换新，造价低廉，但容易潮湿和不便于消毒，干燥地区可采用；三合土地面较黏土地面好。石地和水泥地面不保温、太硬，但便于清扫和消毒；砖地和木质地面保温，便于清扫与消毒，但成本高，适合寒冷地区。漏缝地面可羊、粪分离，为羊提供干燥的卧地，利于健康，但造价高。材质有木板、竹条，要求厚薄一致，间隙1～1.5厘米。

(2)墙壁 羊舍墙壁应坚固、耐久、抗震、耐水、防火；结构简单、便于清扫、消毒；同时，应有良好的保温隔热性能。气温高的地区，可以建造简易的棚舍或半开放式舍。气温低的地区，墙壁要有较好的绝热能力，可以用加厚墙、空心砖墙或在中间充填稻糠、麦秸之类的隔热材料。

(3)屋顶和天棚 屋顶兼有防水、保温、承重三种功能，材料有陶瓦、石棉瓦、木板、塑料薄膜、油毡等。国外也有采用金属板的。屋顶的类型繁多，在羊舍建筑中常采用双坡式，但也可以根据羊舍和当地气候条件采用半坡式、平顶式、联合式、钟楼式、半钟楼式等。单坡式羊舍，跨度小，自然采光好，适用于小规模羊群和简易羊舍；双坡式羊舍，跨度大，保暖能力强，但自然采光、通风差，适于寒冷地区，也是最常用的一种类型。在寒冷地区还可选用平顶式、联合式等屋顶类型，在炎热地区可选用钟楼式和半钟楼式。

寒冷地区羊舍可加天棚，其上可贮存冬草，并能增强羊舍保温性能。

3. 肉羊育肥场的类型 肉羊育肥场一般按结构可分为单列式和双列式；按墙壁类型分为敞棚式、开敞式、半开敞式、封闭式。

(1)单列式羊舍 一般多为单列开敞式羊舍，三面围墙，南面敞开，设有饲槽和走廊，在北面墙上开有小窗。南面敞开处与运动场相连。这种羊舍采光好、空气流通、造价低。缺点是舍内温、湿度不易控制，受气候影响大，适合冬季不太冷的地区。

(2)双列式羊舍 羊舍内羊床排列为双列，多为对头式，中间为通道。可以是四面无墙的敞棚式，也可以是开敞式、半开敞式或封闭式。饲槽设在舍内。

敞棚式羊舍适合于气候较温和的地区，封闭式羊舍适合于较寒冷的地区，注意夏季通风、防暑；半开敞。

(3)塑料暖棚 我国北方冬季寒冷、无霜期短，用塑料薄膜将敞棚式或半开敞式羊舍敞开部分封闭，是一种更为经济合理、灵活机动、方便实用的棚舍结合式羊舍。塑料暖棚以三面围墙的敞棚圈舍为基础，在距棚前檐 2～3 米处筑一高 1.2 米左右的矮墙。矮墙中部留约 2 米宽的舍门，矮墙顶墙与棚檐之间用木杆或木框支撑，上面覆盖塑料薄膜，用木条加以固定。薄膜与棚檐和矮墙的连接处用泥土压紧。在东、西两墙距地面 1.5 米处各留 1 个可开关的进气孔，在棚顶最高处也留 2 个与进气孔大小相当的可调节排气窗。在北方冬季气温降至 0℃～5℃时，塑料暖棚羊舍温度较棚外高 5℃～10℃。这种羊舍充分利用了白天太阳热能的蓄积和羊体散发的热量，提高羊舍夜间的温度，使羊只免受风雪严寒的侵袭。使用塑料暖棚养羊，要注意在出牧前打开进气孔、排气窗和舍门，逐渐降低舍温，使舍内外气温大体一致后再出牧。待中午阳光充足时，关闭舍门及进、出气口，提高棚内温度。羊只密度不可过大，注意通风换气，以免窒息死亡。

4. 辅助性建筑与设施

(1)草架 羊爱清洁、喜吃干净饲草，利用草架喂羊，可避免羊践踏饲草，减少浪费。草架的形式有多种，有靠墙固定单面草架和“⌣”形两面联合草架，有的地区利用石块砌槽、水泥勾缝、钢筋作隔栅，修成草料双用槽架。草架隔栅间距以羊头能伸入栅内采食为宜，一般宽 15～20 厘米(图 3-2，图 3-3)。

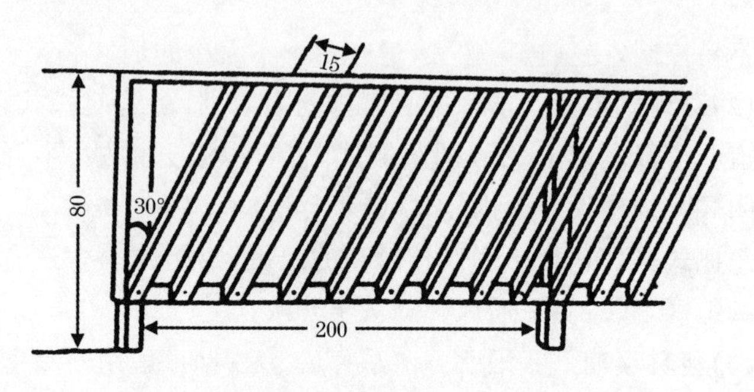

图 3-2　靠墙固定单面草架　（单位：厘米）

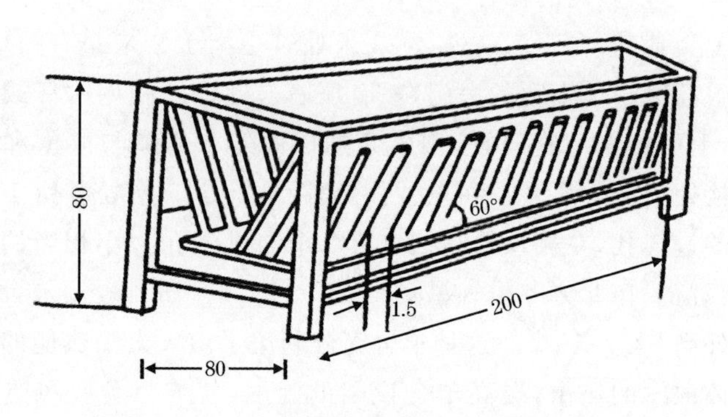

图 3-3　“一”型两面联合草架　（单位：厘米）

(2)饲槽　用于舍饲或补饲用，有固定式水泥槽和移动式木槽两种。

①固定式水泥槽　由砖、土坯及混凝土砌成。槽体高 23 厘米，槽内径宽 23 厘米，深 14 厘米，槽壁用水泥砂浆抹光。槽长依羊只数量而定，羔羊槽位 20 厘米/只。这种饲槽施工简便，造价低廉，可防止羊只跳入槽内，适合喂草、喂料，便于清槽，值得推广应用(图 3-4)。

②移动式木槽　用厚木板(或其他材料)钉成，制作简单，便于移动。长 1.5～2 米，上宽 35 厘米，下宽 30 厘米(图 3-5)。

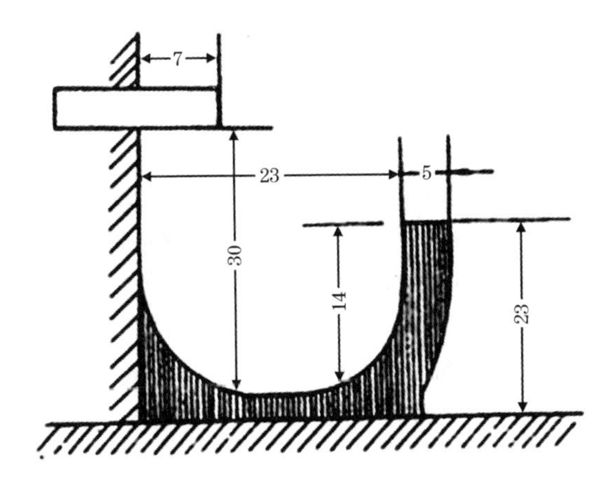

图 3-4 固定式水泥槽 （单位：厘米）

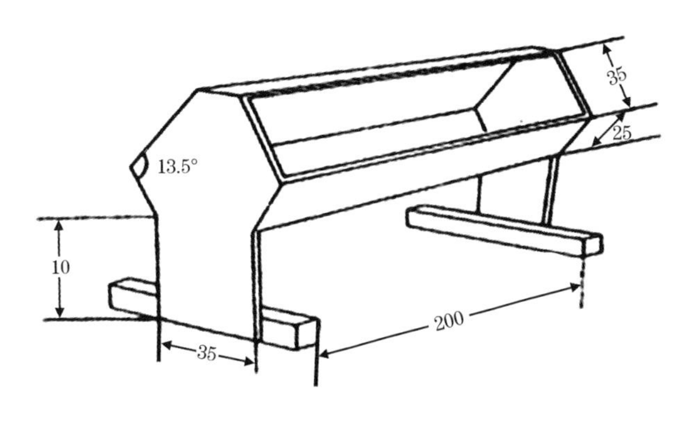

图 3-5 移动式木槽 （单位：厘米）

(3)分羊栏 分羊栏可在羊分群、鉴定、防疫、驱虫、测重、打号等生产管理中应用。分羊栏由许多栅板连接而成。羊群的入口处为喇叭形，中部为一小通道，容许羊单行前进而不可转身。沿通道一侧或两侧，可根据需要设置 3～4 个可以向两边开门的小圈，利用分羊栏可以分群或控制羊只。

(4)药浴池 为了防治疥癣及其他体外寄生虫,要定期给羊群药浴。药浴池一般用水泥筑成,形状为长形沟状。池深约1米,长10米左右,底宽30～60厘米,上宽60～100厘米,以1只羊能通过而不能转身为度。羊药浴前在候浴围栏集中。药浴池入口呈陡坡,出口筑成台阶,以便羊只走入滴流台。羊出浴后,在滴流台上停留一段时间,使身上的药液流回池内。滴流台用水泥修成。药浴池旁安装炉灶,以便烧水配药。在药浴池附近应有水源。

(5)粪尿污水池和贮粪场 羊舍和污水池、贮粪场应保持200～300米的卫生间距。粪尿污水池的大小应根据每只羊每天平均排出粪尿和冲污污水量多少而定。

(6)消毒池 设在羊场或生产区入口处,便于人员和车辆通过时消毒。消毒池常用钢筋水泥浇筑,供车辆通行的消毒池,长4米、宽3米、深0.1米;供人员通行的消毒池,长2.5米、宽1.5米、深0.05米。消毒液应保持经常有效。人员往来在场门两侧应设紫外线消毒走道。

(7)青贮窖 青贮饲料是绵、山羊的良好饲料,可以和其他饲草搭配,提高羊的采食量。为了制作青贮饲料,应在羊舍附近修建青贮窖。玉米秸秆、牧草、苜蓿或混合牧草均可制作青贮。

青贮窖一般为长方形,窖底及窖壁用砖、石、水泥砌成(图3-6)。为防止窖壁倒塌,青贮窖应建成倒梯形。青贮窖的一般规格,人工操作时青贮窖深3～4米,宽2.5～3.5米,长度根据饲喂量确定,大小以2～3天能将青贮原料装填完毕为原则。青贮窖应选择地势干燥的地方修建,在离青贮窖周围50厘米处应

图3-6 固定式水泥槽

挖排水沟，防止污水流入窖中。

二、育肥场环境控制

（一）羊场的绿化

1. 羊场绿化的必要性 羊场绿化的生态效益是非常明显的，主要体现在以下几方面。

(1)有利于改善场区小气候 羊场绿化可以明显改善场内的温度、湿度、气流等状况。在高温时期，树叶的蒸发能降低空气中的温度，也增加了空气中的湿度，同时也显著降低了树荫下的辐射强度。一般在夏季的树荫下，气温较树荫外低3℃～5℃。

(2)有利于净化空气 羊场的饲养量大，饲养密度高，羊舍内排出的二氧化碳也比较集中，还有一定量的氨等有害气体一起排出。绿化可净化空气。据报道，每公顷阔叶林，在生长季节每天可以吸收约1 000千克的二氧化碳，生产约730千克的氧，而且许多植物还能吸收氨。

(3)有利于减少尘埃 在羊场内及其四周种植高大的乔木所形成的林带，能吸附大气中的粉尘。当含尘量很大的气流通过林带时，由于风速降低，可使大粒灰尘下降，其余的粉尘及飘尘可被树木枝叶滞留或为黏液物质及树脂所吸附，使空气变得洁净。草地的减尘作用也很显著，除可吸附空气中的灰尘外，还可固定地面上的尘土。

(4)有利于减弱噪声 树木与植被对噪声具有吸收和反射的作用，可以减弱噪声强度。树叶的密度越大，减噪的效果也越显著。

(5)有利于减少空气及水中的细菌量 树林可以使空气中含尘量大为减少，因而使细菌失去了附着物，数目也相应减少。同时，某些树木的花、叶能分泌一种芳香物质，可以杀死细菌、真菌等。

(6)有利于防疫、防火 羊场外围的防护林带和各区域之间种植的隔离林带，可以起到防止人畜任意往来的作用，因而可以减少疫病传播的机会。在羊场中进行绿化，也有利于防火。

2. 羊场的合理绿化 在场界周边种植乔木和灌木混合林带，特别是在场界的北、西两侧，应加宽混合林带（宽 10 米以上），以起到防风阻沙的作用。

场区内绿化主要采取办公区绿化、道路绿化和羊舍周围绿化等几种方式。场区隔离林带，用于分隔场内各功能区。办公区绿化主要种植一些花卉和观赏树木。场内外道路两旁的绿化，一般种植 1～2 行，而且要妥善布局，在靠近建筑物的采光地段，不应种植枝叶过密、过于高大的树种，以免影响羊舍的自然采光。道路绿化，主要种植一些高大的乔木，如梧桐、白杨等，而且合理布局树种，尽量减少遮光。羊舍周围绿化，主要种植一些灌木和乔木。圈舍周围种植爬藤植物，可以营建绿色保护屏障。

一般要求养羊场场区的绿化率（含草坪）要达到 40%以上。

（二）羊粪的合理利用

1. 农牧结合与粪肥还田 对于羊场产生的羊粪、污水等废弃物，要按照减量化、资源化和无害化的原则进行处理，经发酵后作为有机肥供给种植业生产。

羊粪尿主要成分易于在环境中分解。经土壤、水和大气等物理、化学过程及生物分解、稀释和扩散，逐渐得到净化，并通过微生物、植物的同化和异化作用，又重新形成植物体成分。

羊场的固体废物主要是羊粪。羊舍的粪便需要每日及时清除，然后用粪车或传送带运出场区。羊粪的收集过程必须采取防扬散、防流失、防渗漏等工艺。要求建立贮粪场和贮粪池，这些贮粪设施需要经过水泥硬化处理，以防止渗漏造成环境污染。对于羊粪的贮存，要防止雨淋而产生污水，在非用肥季节最好以塑料薄膜覆盖，以减少不良气体产生和苍蝇滋生。

实行羊粪还田，是一种良性生态循环的农牧结合模式，是生态农业的发展方向。具体模式是种草养畜，草畜配套，养羊积肥，以羊促草。这种发展模式，减少了规模养羊的环境污染；粪便通过发酵利用，可以减少寄生虫卵和病原菌对人、畜的危害，还可以减少粪便中杂草籽对种植业的不良影响，实现了良好的经济效益和社会生态效益。

2. 制作有机肥　对于一些生产水平较高的示范性羊场，可以采用简易的设备建立复合有机肥加工生产线，使得羊粪经过不同程度的处理，有机质分解、腐化，生产出高效有机肥等产品。对于一般的羊场，可以采用堆肥技术，使羊粪经过堆腐发酵，杀灭病原微生物及寄生虫卵，也可以减少有害气体产生。

(1)堆肥处理技术　从卫生学观点和保持肥效等方面考虑，堆肥发酵后再利用要比使用生粪效果好。堆肥的优点是技术和设施简单，使用方便，无臭味；同时，在堆制过程中，由于有机物的降解，堆内温度达 50℃～70℃，持续 15～30 天，可杀死绝大部分病原微生物、寄生虫卵，而且腐熟的堆肥属迟效肥料，对牧草及作物使用安全。

堆肥处理有以下几个环节。

①场地　水泥地或铺有塑料膜的地面，也可在水泥槽中。

②堆积体积　将羊粪堆成长条状，高 1.5～2.0 米，宽 1.5～3.0 米，长度视场地大小和粪便多少而定。

③堆积方法　先将粪便比较疏松地堆积一层，待堆温达到 60℃～70℃后保持 3～5 天(或者待堆温自然稍降后)，再将粪堆压实，然后再堆积一层新鲜粪。如此层层堆积到 1.5～2.0 米，用泥浆或塑料膜密封。

④中途翻堆　为保证堆肥的质量，含水量超过 75%时应中途

翻堆；含水量低于60%时，最好泼水，满足一定的水分要求，有利于发酵。

⑤启用　密封3～6个月，待肥堆溶液的电导率小于0.2毫西/厘米时启用。

(2)羊粪制成颗料肥料或制作成液体圈肥　颗料肥料是将发酵后的有机肥通过机器设备制成颗粒。液体圈肥是将生的粪尿混合物置于贮留罐内搅拌，通过微生物的分解作用，制成腐熟的液体肥料。这种液体肥料对作物是安全的，在配备有机械喷灌设备的地区，液体粪肥较为适宜。

（三）减少污水排出量

废水主要指生产废水和生活污水。生产废水主要来源于各类羊舍的废水，因可能含有病原微生物而被视为污染源；生活污水的主要来源有行政办公区、消毒更衣室的生活用水和厕所产生的污水等。

羊场应采用干法清粪，实现粪尿的干湿分离，减少生产用水浪费，从而减少污水的产生量。

对于楼式羊舍，羊舍内的粪便由漏缝地板漏入羊舍下方的贮粪池，经冲洗，粪水流入专门的贮污池中。

运动场内的羊粪要做到每天清扫后送走，避免雨水冲刷后产生大量污水。

污水排放采用雨污分流，雨水采用专用沟引排。羊舍屋顶设置天沟，天沟将雨水引入羊舍的排水管，然后流到排水沟。

在场内修建污水处理池，粪水在处理池内静止可使50%～85%的固形物沉淀，处理池应大而浅，水深不小于0.6米，最大不超过1.2米。修建时采用水泥硬化，最好有防渗漏材料处理。污水经过二级或三级沉淀、自然发酵后，排入周边农田或果园。

（四）废气处理

羊场的废气主要来源于粪污中的有机物经微生物分解产生的恶臭以及有害气体及羊消化产气。羊场废气会影响人、畜健康，同时污染羊场周围环境。

在管理上要采用及时清粪并保持粪便干燥，以减少废气产生量，并利用自然通风排出废气。

对于场内羊粪的处理，建立封闭式粪便处理设施是必要的，这样可以减少有害气体的产生及逸散。附设有加工有机肥厂的羊场，发酵处理间产生的恶臭气体可以集中在排气口处进行脱臭处理，处理技术包括化学溶解法、电场净化法和等离子体分解法 3 种。

（五）育肥羊场的生物安全

1. 羊场的生物安全带　羊场四周设置围墙及防护林带，最好在院墙外面建有宽 1.3～1.5 米的防疫沟，沟内常年有水，防止闲杂人员及其他畜禽串入羊场。

2. 羊场蚊、蝇、虻的控制　蚊、蝇、虻是传播疾病的有害昆虫，对羊场的生物安全很不利，必须定期消灭。主要措施有在易滋生蚊、蝇、虻的污水沟定期投药杀灭；在场区设置诱蚊、诱虻、诱蝇的水池集中消灭；悬挂灭蚊蝇灯或粘带等装置。

可利用蚊、蝇、虻的喜水、喜草、喜臭味的特性，在离羊舍 5～10 米处建造一个水池，并种植水稻、水稗草。池中央距水面高度 1 米处悬挂高光度青光电子灭蝇灯，这样既可使栖息于水池内稻、稗草上的虻诱飞而自杀，还可杀灭蚊、蝇。池水中设置电极，利用土壤电处理机器每隔 1 天启动 1 次，每次工作 30 分钟，即可杀死水中的虻、蚊幼虫。

3. 病死羊的处理　兽医室和病羊隔离舍应设在羊场的下风向处，距羊舍 100 米以上，防止疾病传播。在隔离舍附近应设置

掩埋病羊尸体的深坑(井),对死羊要及时进行无害化处理。对场地、人员、用具应选用适当的消毒药及消毒方法进行消毒。

病羊和健康羊分开饲喂,由专人管理,对被病羊污染的环境和用具进行严格消毒。局部草地被病羊的排泄物、分泌物或尸体污染后,可用含有效氯2.5%漂白粉混悬液、40%甲醛、10%氢氧化钠等消毒液喷洒消毒。对于病死羊只应做深埋、焚化等无害化处理,防止病原微生物传播。

第四章

羔羊育肥常用饲料及其加工调制技术

羔羊生理、生产所需要的养分，都来源于饲料。所以，饲料是发展舍饲羔羊育肥生产的物质基础。广辟饲料来源，备足饲料，合理加工利用，是做好羔羊育肥生产的基础。

一、常用饲料

羔羊育肥的饲料种类很多，根据饲料营养特性，分为青绿饲料、青贮饲料、多汁饲料、粗饲料、能量饲料、蛋白质饲料和矿物质饲料。一般习惯上把能量饲料和蛋白质饲料统称为精饲料。

（一）青绿饲料

青绿饲料指天然含水量为60%及以上的青绿多汁植物性饲料，包括草地牧草、田间杂草、栽培牧草、水生植物、树叶嫩枝及菜叶等。因其富含蛋白质、维生素、矿物质而少含粗纤维、木质素，适口性好而为羊所喜食。青绿饲料幼嫩多汁，适口性好，消化率高，具有轻泻、保健作用，是一类营养相对平衡的饲料，是肉羊不可缺少的优良饲料；但其干物质少，能量相对较低，消化能仅为1.25～2.51兆焦/千克，因而单纯以青绿饲料为日粮不能满足肉羊的能量需要。青绿饲料干物质的净能值比干草高，由于含粗纤维较少且柔嫩多汁，可以直接大量饲喂，肉羊对其中的有机物质消化率达到75%～85%。在育肥羊生长期可用优良青绿饲料作为唯一的饲料来源，但若要在育肥后期加快育肥则需要补充谷物、饼粕等能量饲料和蛋白质饲料。

1. 青绿饲料的营养特性

(1)水分 青绿饲料的含水量一般在75%～90%，水生饲料可以高达90%以上，因此青绿饲料中干物质含量一般较低。青绿饲料中水分大多都存在于植物细胞内，它所含有的酶、激素、有机酸等能促进动物的消化吸收，但是营养价值较低。

(2)蛋白质 青绿饲料中粗蛋白质含量丰富，禾本科牧草和蔬菜类饲料的粗蛋白质含量一般在1.5%～3%，豆科青绿饲料为3.2%～4.4%；按干物质算，前者为13%～15%，后者达18%～24%。同时，青绿饲料的蛋白质品质较好，含必需氨基酸较全面，生物学价值高，赖氨酸、色氨酸和精氨酸较多，营养价值高。青绿饲料粗蛋白质中氨化物(游离氨基酸、酰胺、硝酸盐等)占总氮的30%～60%，氨化物中游离氨基酸占60%～70%，羊可通过瘤胃微生物将氨化物转化为菌体蛋白质。生长旺盛的植物中氨化物含量较高，但随着植物生长，纤维素的含量增加，而氨化物含量逐渐减少。

(3)碳水化合物 青绿饲料中粗纤维含量较少，木质素较低，无氮浸出物较高。青绿饲料干物质中粗纤维含量不超过30%，叶、菜类中不超过15%，无氮浸出物含量在40%～50%。粗纤维的含量随着生长期延长而增加。木质素含量也显著增加，一般来说，植物开花或抽穗之前，粗纤维含量较低。绵羊对已木质化纤维素消化率可达32%～58%，木质素每增加1%，有机物质消化率下降约4.7%。

(4)脂肪 脂肪含量为鲜重的0.5%～1%，占干物质重的3%～6%。

(5)矿物质 青绿饲料是矿物质的良好来源，钙、磷比较丰富，矿物质为鲜重的1.5%～2.5%。青绿饲料的钙、磷多集中在叶片内，钙、磷含量因植物种类、土壤与施肥情况而异，一般含钙0.25%～0.50%、含磷0.20%～0.35%，比例较为适宜，特别是豆科牧草钙的含量较高，因此育肥羊以青绿饲料作为主食时，不易缺钙。此外，青绿饲料中尚含有丰富的铁、锰、锌、铜等微量元素，如果土壤中不缺乏某种元素，均能满足肉羊各种元素的营养需要。

(6)维生素 青绿饲料中维生素含量丰富，特别是胡萝卜素含量较高，每千克饲料中含50～80毫克。豆科牧草中胡萝卜素含量高于禾本科植物。此外，青绿饲料中B族维生素、维生素E、维生素C和维生素K含量也较丰富，如鲜苜蓿中含硫胺素1.5毫克/千克，核黄素4.6毫克/千克，烟酸18毫克/千克，比玉米子实高。但缺乏维生素D和维生素B_6。

2. 肉羊常用的青绿饲料 青绿饲料的种类繁多，资源丰富。可分为以下几类。

(1)青牧草 包括野生草和人工种植的牧草。营养价值因植物种类、土壤状况等不同而有差异。人工栽培牧草如苜蓿(紫花苜蓿和黄花苜蓿)、三叶草(红三叶和白三叶)、苕子(普通苕子和毛苕子)、紫云英(红花草)、草木犀、沙打旺、黑麦草、籽粒苋、串叶松香草、无芒雀麦、鲁梅克斯等，营养价值较一般野生草高。

(2)青饲作物 将玉米、高粱、谷子、大麦、燕麦、荞麦、大豆等农作物进行密植，在子实未成熟之前收割、饲喂的青绿饲料。青饲作物蛋白质含量和消化率均比结籽后高。

(3)叶菜类 包括树叶(如榆、杨、桑、果树叶等)和青菜(如白菜等)，含有丰富的蛋白质和胡萝卜素，粗纤维含量较低，营养价值较高。

(4)水生饲料 主要有水浮莲、水葫芦、水花生、绿萍等。

3. 饲喂青绿饲料时应注意的问题

(1)防止亚硝酸盐中毒　饲用甜菜、萝卜叶、芥菜叶、白菜叶等叶菜类中都含有少量硝酸盐，它本身无毒或毒性很低，但是堆放时间过长，腐败菌将硝酸盐还原为亚硝酸盐则可引起羊中毒。

(2)防止氢氰酸中毒　青绿饲料中一般不含有氢氰酸，但在高粱苗、玉米苗、马铃薯的幼芽、木薯、亚麻叶、亚麻籽、三叶草、南瓜蔓等中含有氰苷配糖体，这些饲料经过发霉或霜冻枯萎，在植物体内特殊酶的作用下，氰苷被水解而放出氢氰酸。当含氰苷的饲料进入羊体后，在瘤胃微生物作用下，甚至无须特殊的酶作用，仍可使氰苷和氰化物分解为氢氰酸，引起羊中毒，因此用这些饲料饲喂肉羊之前应晒干或制成青贮饲料再饲喂。

(3)防止草木犀中毒　草木犀本身并不含有毒物质，但含有香豆素，当草木犀发霉腐败时，在细菌作用下，香豆素转变为有毒性的双香豆素，它与维生素 K 有拮抗作用。肉羊中毒发生很慢，通常饲喂草木犀 2～3 周后发病。饲喂草木犀应该逐渐增加饲喂量，不能突然大量饲喂，不饲喂发霉腐败的草木犀和苜蓿。

此外，青草茎叶的营养含量一般上部优于下部，叶优于茎。所以，要充分利用生长早期的青绿饲料，收贮时尽量减少叶部损失。有些青草要注意适口性，如沙打旺营养价值较高，但有苦味，最好与秸秆或青草混合青贮，或与其他牧草混合饲喂。

(二)青贮饲料

青绿饲料优点很多，但是水分含量高，不易保存。为了长期保存青绿饲料的营养特性，保证饲料淡季供应，通常采用两种方法进行保存。一种方法是青绿饲料脱水制成干草，另一种方法是利用微生物的发酵作用调制成青贮饲料。青贮饲料是把新鲜的青饲料(如青绿玉米秸、高粱秸、甘薯蔓、青草等)，装入密闭的青贮窖、壕中。在厌氧条件下经乳酸菌发酵产生乳酸，从而抑制有害的腐败菌生长，使青绿饲料能长期保存。青贮不仅能较好地保持青绿饲料的营养特性，减少营养物质的损失，而且由于青贮过程中产生大量芳香族化合物，使饲料具有酸香味，柔软多汁，改善了适口性，是一种长期保存青饲料的良好方法。此外，青贮过程中经发酵后会大大降低青贮原料中的硝酸盐、氢氰酸等有毒物质的含量；青贮饲料中存在大量乳酸菌，菌体蛋白质含量比青贮原料提高 20%～30%，很适合喂肉羊。另外，青贮饲料制作简便、成本低廉、保存时间长、使用方便，解决了冬春青绿饲料匮乏的难题。

1. 青贮饲料的营养特性

(1)适口性好　青贮饲料可以有效地保持青绿植物的青鲜状态，酸香多汁，可长期保存，使羊在漫长的枯草季节也能吃到青绿饲料。

青贮饲料含水量在 70%左右，而干草的含水量只有约 15%，因此，它是反刍家畜在冬春季节良好的多汁饲料。青绿饲料经过微生物的发酵作用，产生大量芳香族化合物，具有酸香味，柔软多汁，适口性好，可以刺激羊的食欲。青贮过程中，由于乳酸菌的发酵，还可使原来的粗硬秸秆，如玉米秸和高粱秸，以及某些野草的茎秆变软。有些植物制成干草时，具有特殊气味或质地粗糙，适口性差，但青贮发酵后，成为良好的饲料。以青贮饲料为主体的日粮喂羊，可以显著提高肠道内饲料的消化率，从而提高了总营养物质的消化率。

(2)营养价值高　青贮饲料可有效地保存饲料中的营养物质，尤其是蛋白质和维生素(胡萝卜素)。青绿饲料，在成熟和晒干之后，由于失水，再加上叶片的脱落，营养价值的损失为 30%～50%。如果贮存期间受到风吹、雨淋，导致发霉、腐败，损失就更大了。而将青绿饲料适时收割制成青贮饲料，营养物质的损失一般不超过 10%，而优质青贮饲料养分只降低 3%左右。另外，由于微生物的作用，增加了维生素含量，改善了一些饲草的适口性，降低了有害物质含量和毒性，从而提高了饲草的利用率。

(3)扩大饲料资源 根据饲料原料特性制作青贮、半干青贮、混贮，提升了饲料营养价值，扩大了饲料资源。调制青贮饲料的原料广泛，只要方法得当，几乎各种青绿饲料，包括豆科牧草、禾本科牧草、野草野菜、青绿的农作物秸秆和茎蔓，均能青贮。除了一些优良牧草可做青贮外，还有一些羊不喜欢采食或不能采食的野草、野菜、树叶等无毒的青绿植物，都可以采用青贮的方法变成良好的饲料。例如，马铃薯茎叶等具有特殊的气味，羊不喜食，当青贮后变成酒糟味，适口性增强。除普通青贮法外，还可采用一些特种青贮方法，如加酸、加防腐剂、接种乳酸菌或加氮化物等外加剂青贮及低水分青贮等方法，扩大了可青贮饲料的范围，使普通方法难青贮的植物得以很好地青贮。制作青贮设备应因地制宜、因陋就简。

(4)经济实用 大力推广青贮饲料是育肥羊生产的重要技术措施。青贮易于保存，不怕火烧、雨淋、虫蚀和鼠咬；一次贮存，长期不坏，贮存空间小，安全方便。可有效利用农作物秸秆，减少焚烧污染。

2. 饲喂青贮饲料的注意事项 青贮饲料在育肥羊日粮中应当适量搭配，不宜过多。初次饲喂青贮饲料时，应先少喂勤添，以后逐渐增加喂量，使羊慢慢适应。

开窖饲喂时注意：取用青贮饲料时，要从窖的一端开始，按一定的厚度，从表面一层一层地往下取，使青贮饲料始终保持一个平面，不能由一处挖洞掏取，并且避免泥土、杂物混入。每次取料量以够饲喂1天为宜，不要一次取料长期饲喂，以免引起饲料腐烂变质。取料后应及时密封，以防青贮饲料长时间暴露在空气中引起变质。青贮饲料虽然是一种优质粗饲料，但饲喂时须按家畜的营养需要与其他饲料合理搭配，最好与其他饲料混匀饲喂，以提高饲料转化率。青贮饲料酸度过大时应减少喂量或加以处理，即添加5%～10%的石灰水或1%～2%的小苏打中和，以降低酸度后再饲喂。

（三）多汁饲料

多汁饲料含水分高达70%～95%，松脆可口，容易消化，有机物消化率85%～90%，包括块根块茎及瓜果类饲料。冬季在以秸秆、干草为主的育肥羊日粮中配合部分多汁饲料，能改善日粮适口性，提高饲料转化率。

多汁饲料鲜样含能量低，但干物质中粗纤维少，能量含量相当于玉米、高粱等；粗蛋白质含量低，但生物学价值很高；各种矿物质和维生素含量差别很大，一般缺乏钙、磷，富含钾。胡萝卜含有丰富的胡萝卜素，甘薯和马铃薯缺乏各种维生素。常见的多汁饲料简介如下。

1. 胡萝卜 产量高，耐贮存、营养丰富。胡萝卜富含淀粉和糖类，因含有蔗糖和果糖，多汁味甜。每千克胡萝卜含胡萝卜素36毫克以上，含磷约0.09%，高于一般多汁饲料。另外，胡萝卜含铁量较高，颜色越深，胡萝卜素和铁含量越高。

2. 甘薯 产量高，粗纤维少，富含淀粉，能量含量居多汁饲料之首。甘薯中粗蛋白质含量较低，占干物质的3.3%左右，粗纤维少，富含淀粉，钙的含量特别低。甘薯怕冷，宜在13℃左右贮存。甘薯易患黑斑病，患黑斑病的甘薯有异味且含毒性酮，喂羊易导致气喘病，严重的可引起死亡。

3. 马铃薯 马铃薯能量营养价值次于木薯和甘薯。马铃薯含有大量的无氮浸出物，其中淀粉约占干物质的70%。风干马铃薯中粗纤维含量2%～3%，无氮浸出物70%～80%，粗蛋白质8%～9%，消化能约为14.23兆焦/千克。马铃薯含非蛋白氮较多，约占蛋白质的一半。育肥羊日粮中马铃薯的比例应控制在20%以下。马铃薯中含龙葵素，是一种含氰有毒物质，主要分布在青绿皮上、芽眼与芽中。在幼芽及未成熟的块茎和贮存期间经日光照射变成绿色的块茎中含量较高，喂量过多可引起中毒。饲喂时要切除发芽部位和绿皮，以防中毒。

4. 甜菜及甜菜渣 饲用甜菜产量高，鲜样中含干物质9%～14%，干物质中含粗蛋白质8%～10%、粗纤维4%～6%、糖分50%～60%。喂量不宜过多，也不宜单一饲喂。糖用甜菜鲜样中干物质20%～25%，干物质中粗蛋白质4%～6%，粗纤维4%～6%，糖分65%～75%。糖用甜菜制糖后的副产品甜菜渣是育肥羊优良的饲料。甜菜渣呈粒状或丝状，淡灰色或灰色，略带甜味。甜菜渣鲜样中水分含量为88%左右。湿甜菜渣经烘干后制成干粉料，其中粗蛋白质含量约9%，粗纤维20%以上，无氮浸出物50%左右，维生素和矿物质含量均低。干甜菜渣中80%的粗纤维可以被羊消化，可作为育肥羊的能量饲料。甜菜渣含钙较多，磷少，钙磷比例优于其他块茎饲料。干甜菜渣在饲喂前先用2～3倍的水浸泡，避免干饲后在瘤胃内大量吸水引起膨胀致病。干甜菜渣可以取代日粮中的部分谷类饲料，但不可作为唯一的精饲料来源。

（四）粗饲料

指天然水分含量在45%以下、干物质中粗纤维含量在18%以上的一类饲料，包括干草、秸秆、秕壳、干树叶及其他农副产品。

1. 粗饲料 体积大，重量轻，养分浓度低，粗蛋白质含量差异大，总能含量高，消化能低，维生素D含量丰富，其他维生素较少，钙高磷少，粗纤维含量高，硅酸盐含量高，影响其他养分的消化利用。

粗饲料来源广，种类多，产量大，价格低，是肉羊在冬、春季节的主要饲料来源。羊常用粗饲料有青干草、秸秆、秕壳等。

2. 干草 干草是青草或其他饲料作物在生长阶段收割后，经干燥（如晒干）制成。可以制干草的有豆科牧草（苜蓿、红豆草、小冠花等）、禾本科牧草（狗尾草、羊草等）、谷类茎叶（大麦、燕麦等在茎叶青绿时刈割)。通过制备干草,可以达到长期保存青草中的营养物质和冬春补饲目的。

粗饲料中青干草的营养价值最高。优质青干草呈绿色,叶多,适口性好,含有较多的粗蛋白质、胡萝卜素、维生素D、维生素E及矿物质。若干草呈灰褐色、灰棕色、黑棕色,有焦糖味或似烤烟草味是因为晒制时雨淋或闷捂过热,质量差,羊不爱吃。

为提高干草的质量,要适时收割,合理调制。禾本科牧草在孕穗期及抽穗期,最迟在开花期割完;豆科牧草在结蕾期或开花初期收割较好。注意尽量减少叶片损失,采取日晒和风干相结合的干燥办法,减少暴晒。

干草粗纤维含量一般较高,为20%~30%,所含能量约为玉米的30%~50%。粗蛋白质含量,豆科干草12%~20%,禾本科干草7%~10%。钙含量,豆科干草(如苜蓿)1.2%~1.9%,而禾本科干草为0.4%左右。干草都含有一定量的B族维生素和丰富的维生素D,如每千克日晒的苜蓿干草含维生素D 2 000单位。谷物类干草的营养价值低于豆科及大部分禾本科干草。

3. 秸秆 农作物子实收获后的茎秆和枯叶均属于秸秆类饲料,秸秆作物中粗纤维含量较干草高,粗纤维含量高达25%~50%,粗蛋白质含量仅3%~6%,豆科作物秸秆中粗蛋白质含量高。除维生素D之外,其他维生素均缺乏,矿物质钾含量高,钙、磷含量不足。木质素含量高,比如小麦秸中木质素含量为12.8%,燕麦秸秆粗纤维中木质素为32%。硅酸盐含量高,特别是稻草,灰分含量高达15%~17%,灰分中硅酸盐占30%左右。秸秆饲料中有机物质的消化率很低,羊消化率一般小于50%,消化能含量低于干草,适口性差。为提高秸秆的利用率,饲喂前应进行切短、氨化或碱化处理。

(1)玉米秸 含粗蛋白质6%~8%,粗纤维25%~30%,粗脂肪1.2%~2.0%,钙0.39%,磷0.23%。玉米秸外皮光滑、坚

硬，羊对其粗纤维的消化率为65%左右。同一株玉米秸秆的营养价值，上部比下部高，叶片比茎秆高，颜色绿黄、洁净、带叶多的玉米秸喂羊效果较好，氨化处理可显著提高消化率。

(2)谷草 指谷子脱粒后的带叶茎秆，质地柔软厚实，可消化粗蛋白质、可消化总养分较高，能量含量高于麦秸、稻草，与优质玉米秸相近，将其铡碎与干草混饲效果更好。

(3)稻草 稻草较其他作物秸秆柔软，适口性好，羊的消化率50%～60%，粗蛋白质3%～5%，粗脂肪1%，粗灰分高达12%～18%，且主要是无利用价值的硅酸盐，钙、磷含量低。能量低于玉米秸、谷草，优于小麦秸，消化能为7.61兆焦/千克。稻草氨化后含氮量可增加1倍，氮的消化率提高20%～40%。

(4)麦秸 羊难以消化，是质量较差的粗饲料，包括小麦秸、大麦秸和燕麦秸等。小麦秸含粗纤维可达40%，粗蛋白质2.8%，并且含有硅酸盐和蜡质，消化能含量低于其他作物秸秆，适口性差，氨化后饲用价值得到明显提高。大麦秸含粗蛋白质4.9%，粗纤维33.8%，适口性较好。燕麦秸饲用价值最高。荞麦秸适口性好，但要控制喂量。

(5)豆秸 肉羊常用大豆秸、豌豆秸和蚕豆秸，其叶片大部分脱落，粗蛋白质含量5%～8%，消化率较禾本科秸秆高。大豆秸含木质素较高，质地坚硬，可将其粉碎与精饲料混饲效果较好。豌豆秸和蚕豆秸较大豆秸柔软、品质更好。

4. 秕壳 作物种子脱粒或清理时的副产品，包括种子的外壳或颖、外皮以及秕谷，因此秕壳饲料的营养价值变化较大。一般来说，作物荚壳的营养价值略好于其秸秆，但稻壳和花生壳质量差，经氨化或碱化处理后可添加10%喂羊。谷类的秕壳营养价值次于豆荚，但其来源广，数量大，应研发利用。花生壳、棉籽壳、玉米芯和玉米穗包叶等也常作为羊的饲料，粉碎后与精饲料、多汁饲料混匀饲喂。秕壳能值变幅大于秸秆，主要受品种、加工贮藏

方式和杂质多少的影响，在打场中有大量泥土混入，而且本身硅酸盐含量高。如果尘土过多，甚至堵塞消化道可引起便秘、疝痛。秕壳具有吸水性，在贮藏过程中易霉烂变质，饲喂时注意剔除。

(1)豆荚　含无氮浸出物40%～50%，粗蛋白质5%～10%，粗纤维30%～40%。

(2)棉籽皮　含粗蛋白质4%～6%，粗脂肪2.4%，粗纤维46%，无氮浸出物34%～43%。棉籽皮含游离棉酚0.01%，但对育肥羊影响不大。饲喂量应逐渐增加，一般1～2周羊即可适应；喂时用水拌湿加入粉状精饲料，调拌均匀，喂后供给足够的饮水；饲喂羔羊时最好喂1周更换其他粗饲料1周，防止棉酚对羔羊产生不良影响。

(3)棉籽皮菌糠　用棉籽皮培养食用菌后的废弃物。出菇2～4茬的棉籽皮平菇菌糠，表面被覆一层白色菌丝体膜，内部菌丝串结均匀，粉碎后质地松软，略带蘑菇清香气味，适口性好。一般含粗蛋白质5.4%～8.5%，粗脂肪0.2%～0.6%，粗纤维29.3%～40%，无氮浸出物39.7%～51.1%，粗灰分3.2%～7.1%，钙0.3%～1.4%，磷0.03%～0.18%。按占粗饲料60%～80%的比例喂羊效果好。

（五）能量饲料

能量饲料指干物质中含粗纤维低于18%，同时粗蛋白质低于20%的饲料。

能量饲料的营养特性为体积小、含水少；淀粉含量丰富，可为育肥羊提供大量的有效能；粗纤维含量少，易消化；粗蛋白质含量较低(10%以下)；赖氨酸、蛋氨酸、苏氨酸、色氨酸等必需氨基酸含量少；缺乏胡萝卜素，但B族维生素含量丰富。

肉羊生产中常用的能量饲料有谷实类饲料和糠麸类饲料。

1. 谷实类饲料　是最常用的能量饲料。谷实类指禾本科子

实，如玉米、高粱、大麦等，水分含量低，一般在14%左右，干物质在85%以上，粗纤维含量低，一般在10%以下。无氮浸出物占干物质的70%～80%，其中主要为淀粉，占82%～90%，故消化率很高，反刍动物在90%左右，干物质的消化能高达16兆焦/千克以上，育肥净能高，是羊补充热量的主要来源。谷实类饲料含粗蛋白质9%～12%，而且必需氨基酸如赖氨酸、蛋氨酸和色氨酸含量很低。因而蛋白质品质差，蛋白质能量比较低。粗脂肪含量为3.5%左右，其中不饱和脂肪酸、亚油酸和亚麻酸的比例较高。矿物质含量较低，特别是钙的含量很低，一般低于0.1%，且钙磷比例不合适，磷的含量较高，一般可达0.3%～0.45%，且大部分为植酸磷。一般B族维生素和维生素E含量较多，而维生素A、维生素D缺乏，除黄玉米外都缺乏胡萝卜素。对羔羊和快速育肥羊需要喂一部分谷实类饲料，并注意搭配蛋白质饲料，补充钙和维生素A。

(1)玉米 玉米所含能量在谷实类饲料中最高，而且适口性好，易于消化，是育肥羊的主要能量饲料。玉米含可溶性碳水化合物高，可达72%，主要是淀粉，粗纤维含量低，仅2%，所以玉米的消化率可达90%。含粗蛋白质偏低，为8.0%～9.0%，氨基酸组成欠佳，缺乏赖氨酸、蛋氨酸和色氨酸。矿物质元素和维生素含量均很低。玉米脂肪含量高，为3.5%～4.5%，且不饱和脂肪酸较多，磨碎后易氧化而酸败，不宜长期贮存，在贮存过程中由于水分高极易发霉变质，易受黄曲霉菌感染，引起肉羊中毒。

玉米因适口性好、能量含量高，在瘤胃中的降解率低于其他谷类，可以通过瘤胃达到小肠的营养物质比较高，因此可大量用于育肥羊日粮中。绵羊羔羊新法育肥中，用整粒玉米加大豆饼（粕）可取得很好的增重效果，并且肉质细嫩、口味好。

(2)高粱 与玉米的饲养价值相似，能量略低于玉米，粗灰分略高，饲喂羊的效果相当于玉米的90%左右。高粱粗蛋白质含量

略高于玉米，氨基酸组成与玉米相似，缺乏赖氨酸、蛋氨酸、色氨酸和异亮氨酸。高粱的粗脂肪含量不高，一般为2.8%～3.3%，含亚油酸也低，约为1.1%。钙少磷多，B族维生素含量与玉米相当，烟酸含量较多，而且高粱的种皮中含有较多的单宁，具有苦涩味，适口性差，单宁可以在体内和体外与蛋白质结合，从而降低蛋白质及氨基酸的利用率。不宜用整粒高粱喂肉羊，高粱饲喂过多会引起羔羊便秘，日粮中不宜超过25%。与玉米配合饲喂效果得到增强，并可提高饲料效率与日增重，因为两者饲喂可使它们在瘤胃消化和过瘤胃到小肠的营养物质有一个较好的分配。

(3)大麦 粗蛋白质含量11%～14%，且品质较好，赖氨酸含量在0.52%以上，比玉米、高粱中的含量约高1倍。无氮浸出物与粗脂肪均低于玉米，因外面有一层种子外壳，粗纤维含量在谷实类饲料中是较高的，为5%左右。粗脂肪含量少，不到玉米的一半，粗脂肪中的亚油酸含量很少，仅0.78%左右。钙、磷含量较玉米高，胡萝卜素和维生素D不足，维生素B_1多，维生素B_2少，烟酸含量丰富。羊因其瘤胃微生物的作用，可以很好地利用大麦。细粉碎的大麦易引起羊臌胀症，先将大麦浸泡或压片后饲喂可以预防此症。大麦是一种坚硬的谷粒，在饲喂给肉羊前必须将其压碎或碾碎，否则它将不经消化就排出体外。大麦经过蒸汽或高压压扁可提高羊的育肥效果。

(4)燕麦 燕麦子实的粗蛋白质含量高达11.5%以上，与大麦含量相似，但赖氨酸含量低。粗脂肪含量超过4.50%，较其他谷类高，约5.2%，脂肪中40%～47%为亚麻油酸。其外壳硬，麸皮(壳)多，一般占到28%，粗纤维含量高，超过11%，有效能值较低，植酸磷含量高，富含B族维生素，但烟酸含量较低，脂溶性维生素及矿物质含量均低，营养价值低于玉米。燕麦有很好的适口性，但必须粉碎后饲喂，这样饲喂肉羊有良好的生长性能。

2. 糠麸类饲料 是谷物子实类饲料加工后的副产品，粗蛋白质、粗脂肪、粗纤维的含量均比原粮子实高，而无氮浸出物、有效能则比原子实低。能量是原粮的60%左右，粗蛋白质为15%左右，比谷实类饲料(平均粗蛋白质含量10%)高3%～5%。钙、磷虽比谷实高，但钙少磷多，植酸磷比例大，羊因瘤胃微生物作用可以利用植酸磷。B族维生素含量丰富，尤其含硫胺素、烟酸、胆碱和吡哆醇较多，维生素E含量也较多；物理结构疏松、体积大、重量轻，属于蓬松饲料，含有适量的粗纤维和硫酸盐类，有利于胃肠蠕动，易消化，有轻泻作用；可作为载体、稀释剂和吸附剂。

常见的糠麸类有以下几种：

(1)麸皮 麸皮适口性好，但粗纤维含量高，能量价值较低。粗蛋白质含量较高，一般为11%～15%，蛋白质品质较好，赖氨酸含量0.5%～0.7%，但是麸皮中蛋氨酸含量较低，只有0.11%左右。麸皮富含维生素E、烟酸和胆碱，含有丰富的铁、锌、锰。麸皮中钙含量只有0.16%，而磷的含量可达1.31%，钙磷比例几乎是1∶8，需与其他饲料或矿物饲料配合使用。麸皮具轻泻作用，喂量不宜过大。大麦麸在能量、蛋白质、粗纤维含量上均优于小麦麸。

(2)米糠 米糠含粗蛋白质13%左右，且含有较高的含硫氨基酸，粗脂肪含量高，一般为17%左右，且有较多的不饱和脂肪酸，易酸败变质，不宜久存。有效能低于稻谷，富含铁、锰、锌。钙、磷含量分别为0.08%和1.77%，钙磷比例为1∶20，植酸磷比例大，不利于其他元素的吸收。米糠在榨油后的副产品为米糠饼，其粗脂肪含量低于米糠，易保存，适口性和消化率均有改善。米糠和米糠饼是羊的常用饲料，但由于其粗脂肪含量高，喂量过多易引起腹泻，还会造成脂肪变软、变黄，影响肉的品质，饲喂时须注意，为防止腹泻，不可过量。

(3)玉米皮 含粗蛋白质10.1%，粗纤维含量较高，为9.1%～13.8%，消化率比玉米差。

(4)大豆皮 是大豆加工过程中分离出的种皮，含粗蛋白质

18.8%，粗纤维含量高，但其中木质素少，所以消化率高，适口性也好。粗饲料中加入大豆皮能提高肉羊的采食量，饲喂效果与玉米相同。

（六）蛋白质饲料

蛋白质饲料指干物质中粗蛋白质含量20%以上，粗纤维18%以下的饲料。包括油料子实提取油脂后的饼粕、豆类子实、糟渣。蛋白质饲料与能量饲料组成能量蛋白质平衡的日粮。蛋白质饲料干物质中粗纤维含量较少，而且易消化的有机物质较多，每单位重量所含的消化能较高。

1. 饼粕类 饼粕类饲料粗蛋白质含量30%～45%，粗纤维6%～17%。所含矿物质，一般磷多于钙，富含B族维生素，但胡萝卜素含量较低。

(1)大豆饼粕 品质居饼粕之首，含粗蛋白质40%以上，必需氨基酸的组成比例也相当好，尤其是赖氨酸含量较高，是饼粕类饲料中含量最高的，可高达2.5%～2.8%，是棉仁饼、菜籽饼及花生饼的1倍，缺点是蛋氨酸不足。有效能值高，绵羊能量单位0.9左右，富含铁、锌，但磷含量中有一半为植酸磷。质量好的豆饼色黄味香，适口性好，但在日粮中含量不要超过20%。豆粕与豆饼比较，前者因含抗营养因子较多，适口性较差，饲喂时必须经适当热处理。

(2)棉籽饼粕 是棉籽脱油后的副产品，棉籽脱壳后脱油的副产品为棉仁饼，未去壳副产品是棉籽饼。浸提法脱油后的副产品为棉籽粕。去壳机榨或浸提的棉籽饼含粗纤维10%左右，粗蛋白质32%～40%；带壳棉籽饼含粗纤维高达15%～20%，粗蛋白质20%左右，代谢能只有6兆焦/千克左右。棉籽饼中含游离棉酚毒素，羊因瘤胃微生物可以分解棉酚，所以棉酚的毒性相对小一些。在羊的育肥饲料中，棉籽饼粕可用到40%，棉籽饼粕可作为良好的蛋白质饲料来源，是棉区喂羊的好饲料。

(3)菜籽饼粕 是油菜籽提取油脂后的副产品。粗蛋白质含量36%左右，赖氨酸含量介于豆饼和棉籽饼之间，蛋氨酸稍高于豆饼和棉籽饼。代谢能较低，约为8.4兆焦/千克。粗纤维含量10%～11%，在饼粕类饲料中含量较高。微量元素中硒、锰、铁含量较高，铜含量较低，富含B族维生素，缺乏胡萝卜素和维生素D，含磷较高，含硒比豆饼高6倍，居饼粕类饲料之首。菜籽中含有硫葡萄糖苷类化合物，本身无毒，在榨油压饼时经芥子酶水解成噁唑烷硫酮、异硫氰酸酯、腈及丙烯腈等有毒物质，使菜籽饼粕具有辛辣味，可引起甲状腺肿大。此外，菜籽饼粕中还含有单宁、芥子碱、皂角苷等，影响适口性和蛋白质的利用效果。一般羊对菜籽饼的毒性不敏感，喂量可稍多些，但要同其他饲料配合使用。菜籽粕在瘤胃内降解速度低于豆粕，过瘤胃营养物质较大，育肥羊日粮中的菜籽饼粕用量不应超过15%。

(4)向日葵饼 是向日葵籽榨油后的残余物。去壳压榨或浸提的饼粕粗蛋白质含量达45%左右，能量比其他饼粕低；带壳饼粗蛋白质含量30%以上，粗纤维含量22%左右，赖氨酸含量不足，低于棉仁饼和花生饼，更低于大豆饼粕。每千克只有可利用代谢能6～7兆焦。向日葵饼粕的适口性好，脱壳饼粕饲喂效果与大豆饼粕相当。

2. 豆科子实 豆科子实无氮浸出物含量30%～60%，比谷实类低，但粗蛋白质含量丰富，为20%～40%。除大豆外，粗脂肪含量较低，为1.3%～2%。大豆含粗蛋白质约35%，粗脂肪17%，适合作蛋白质补充饲料。大豆中含抗胰蛋白酶等抗营养物质，喂前需煮熟或蒸炒，以保障蛋白质的消化吸收。常用于哺乳母羊催奶、羔羊开食料中。

3. 糟渣类 糟渣类饲料往往是工农副产品，一般指的是植物加工副产品，包括酿造、制酒、制糖、木材、造纸、果菜加工等副产

品，营养成分不平衡，不适于大量单一饲喂；含水分多，难于保存，宜新鲜时喂用。

(1)啤酒糟 大麦是制造啤酒的主要原料，浸泡发芽后产生的大量淀粉酶（麦芽中含水分42%～45%）经过加温干燥，再去掉麦芽根（防止啤酒变苦），经过进一步加工制成糖化液，分离出麦芽汁，剩余的大麦皮等不溶物质就是鲜啤酒糟，经干燥可制成干啤酒糟。鲜啤酒糟含水分75%左右，粗蛋白质5%～5.5%，粗脂肪2.5%，粗纤维3.6%，无氮浸出物11.8%，钙0.07%，磷0.12%；其干物质中含粗蛋白质22%～30%，无氮浸出物40%以上，粗纤维14%～18%，是饲喂肉羊的好饲料，可搭配能量饲料和青、粗饲料饲喂。

(2)白酒糟 风干物中含粗蛋白质15%～25%，粗纤维15%～20%，粗脂肪2%～5%，无氮浸出物35%～41%，粗灰分11%～14%，钙0.24%～0.25%，磷0.2%～0.7%，并含丰富的B族维生素，其营养成分与麦麸相近。酒糟是育肥肉羊的好饲料，育肥日粮中用量不可超过30%，并搭配玉米、糠麸、饼粕等精饲料，特别是要多喂一些青绿饲料，以平衡营养和防止便秘。需要注意的是，酒糟中残存乙醇、游离乳酸等，长期大量饲喂易引起乙醇中毒。

(3)粉渣 玉米或马铃薯制取淀粉后的副产品，其粗蛋白质含量较低，无氮浸出物含量较高，折合成干物质后能量接近甚至超过玉米，是羊的良好饲料，不宜单独饲喂，最好与其他蛋白质饲料、维生素类饲料等搭配。水分含量高应窖贮或风干保存。

（七）矿物质饲料

育肥羊日粮的主要组成是植物性饲料，而大多数植物性饲料所含矿物质不能满足肉羊快速生长的需要，矿物质元素在机体生命活动过程中起十分重要的调节作用，尽管含量很低，且不供给能量、蛋白质和脂肪，但缺乏时易造成肉羊生长缓慢、抗病能力减弱，甚至威胁生命。因此，生产中必须给肉羊补充矿物质，以满足肉羊生存、生长、生产、高产的需要。矿物质饲料可用于补充肉羊日粮中矿物质的不足。

对于羊来说，容易出现食盐不足，其次是缺磷；对于各种微量元素，除非是土壤中含量不足，如缺硒、缺钴、缺铜地区出现的缺乏症，一般很少需要补充。羊最主要的矿物质饲料是食盐，应当四季给予补饲；放牧饲养时，一般不出现钙缺乏症，但在舍饲或半舍饲条件下，尤其是饲喂青贮饲料和精饲料型日粮时，可能出现钙不足和钙、磷不平衡，必须给以补充。现将羊常用的矿物质饲料分述如下。

1. 食盐 食盐主要成分是氯化钠，可补充钠和氯的不足，并促进唾液分泌，增强食欲。饲料中缺少钠和氯元素会影响肉羊的食欲；长期食盐不足，可引起肉羊活力下降、精神不振或发育迟缓，降低饲料转化率。缺乏食盐的肉羊往往表现舔食棚、圈舍地面、栏杆，啃食土块或砖块等异食癖；如果日粮中食盐过多，而饮水不足，也会发生中毒，表现为口渴、腹泻、身体虚弱，重者可引起死亡。一些食品加工副产品，如甜菜渣、酱渣等中的食盐含量较多，用其配合日粮时，要考虑它们的食盐含量。羊需要钠和氯多，对食盐的耐受性也大，很少发生羊食盐中毒的报道。肉羊育肥饲料中食盐添加量为0.4%～0.8%，最好用盐砖补饲，即把盐块放在固定的地方，由羊自行舔食。在盐砖中添加多种微量元素则效果更佳。

2. 碳酸钙（石粉） 碳酸钙是由石灰石粉碎而成，是天然的碳酸钙，含钙34%～38%，是补钙最廉价、来源最广的矿物质饲料。常用的石粉呈灰白色或白色无臭的粗粉或细粒状。细粉状100%可通过35目筛。用于肉羊，一般认为颗粒越细，吸收率越佳。市售石粉的碳酸钙含量应在95%以上，含钙量38%以上。天然石粉中铅、汞、砷、氟的含量不能超过安全系数。此外，大理石、白云石、石膏、熟石灰等均可作为补钙饲料。

3. 磷酸氢钙　稳定性较好，生物学效价较高，一般含磷18%以上，含钙23%以上，是常用的钙和磷补充饲料，作为重要的磷源近年来应用广泛。

二、粗饲料的加工和利用

粗饲料和青绿饲料在育肥羊口粮中占的比例很大，粗饲料经过科学的加工调制，可以改善适口性、提高其营养价值和饲料转化率，从而达到提高饲喂效果的目的。

（一）青干草的调制

青草或其他饲料作物刈割后，经晒干或人工干燥到含水量14%～17%时制成青干草。青干草的优劣与草的种类、收割时期、制作及储存有很大关系。一般来说，豆科和禾本科植物调制的干草质地好，营养价值高，前者又优于后者。豆科干草粗蛋白质含量12%～20%，钙含量较高，如苜蓿可达1.2%～1.9%；禾本科干草粗蛋白质含量7%～10%，钙含量0.4%左右。谷物类干草则不如豆科、禾本科牧草。优质青干草呈绿色，气味芳香，叶量大，含有丰富的蛋白质、矿物质、胡萝卜素、维生素D和维生素E，是肉羊的重要基础饲料。新鲜饲草通过调制干草，可实现长时间保存和商品化流通，同时干草又是生产其他草产品（如草粉、草颗粒等）的主要原料。

1. 收割时期　调制青干草的植物要适时刈割、合理调制。青草收割时期过早，虽然含蛋白质、维生素等营养丰富，但产量低，单位总养分量相对少，并且因草中水分多，不易晾晒，容易腐烂变质，在草甸子上割打青草正值夏末秋初，阴雨连绵，对收贮干草极为不利；收割过迟，虽然收获的产量较高，但粗纤维增多，蛋白质等营养和适口性也下降；而且割草过晚，残草的草根营养不足，对青草越冬不利，会影响下年青草返青生长。对多年生牧草来说，收割不仅是一次产品的收获，也是一项田间管理措施，因为收割时期是否得当、割茬是否合适(一般留荐在 5～8 厘米)，都对牧草的生长发育产生很大的影响，延期收割不仅饲草质量低，还影响生长季的收割次数。因此，选择适宜的收割期，对保证调制干草的质量和效果非常重要。一般豆科草从孕蕾期至开花末期，禾本科草在抽穗期收割最为适宜。这个时期收割并晾晒好的干草，营养物质均衡，蛋白质完善，维生素保存较多，钙、磷含量也较高，粗纤维尚未木质化，因而消化率高，是羔羊育肥的好饲料。

常见牧草适宜收割期如表 4-1 所示。

表 4-1　常见调制干青草用的牧草品种的适宜收割期

牧草品种	适宜收割期
苜　蓿	少于 1/10 花开时或长新花蕾时
红三叶	早期至 1/2 开花期
杂三叶	早期至 1/2 开花期
绛三叶	开花开始时
草木樨	开花开始时
红豆草	1/2 豆荚充分成熟
大豆草	1/2 豆荚充分成熟
胡枝子	盛花期
绢毛铁扫帚	株高 30～40 厘米
白三叶	盛花期
禾本科草	抽穗至开花期
苏丹草	开始抽穗
小谷草	籽粒乳熟期至蜡熟期

2. 干燥方法　青干草干燥方法有 4 种：地面晒制法、铁丝架晒制法、草架晒制法和机器干燥法。不同的干燥方法，对保持鲜草所含养分有着很大的影响。饲草收割后应尽快调制成干草，以免营养物质损失太多。在干制过程中酶的活动加剧，牧草中的氨基酸将被分解成氨化物和有机酸，甚至形成氨气。干燥时间过长，粗蛋白质损失量将超过 25%。

(1)地面晒制法　日光晒制干草在我国应用最普遍。晒制干草首先应考虑当地气候条件，选择晴天，将收割的青草在原地或者运到地势比较干燥的地方薄薄地平铺，晴天晾晒 1 天。叶片凋萎、含水量降至 45%～50%时，集成高约 1 米的小堆，减少暴晒程度，当含水量降到 20%～25%后，再集成较大的圆堆，继续干燥 2～3 天。当禾本科牧草揉搓草束发出沙沙声，叶卷曲，茎不易折断；豆科牧草叶、嫩枝易折断，弯曲茎易断裂，不易用手指甲刮下表皮时，含水量即已下降到 18%左右，可以运回羊圈附近堆垛贮存。青干草含水量超过 17%易腐烂变质；过分干燥则叶片易脱落，养分损失大。

(2)铁丝架晒制法　晴天时 2～3 天即可获得优质干草，中间遇到 20～70 毫米降雨也不会影响质量。选用直径 10～20 厘米、长 180～200 厘米的材料作铁丝立柱；每隔 2 米立 1 根，埋深 40～45 厘米，直线排列。从地面起每隔 40～45 厘米拉一横线，共 3 道横线分为 3 层。每 2 根立柱左右加拉 1 条横向跨线，一端斜插木桩固定，以防碰倒。排柱的两端安装 2 个长 80 厘米的木桩，斜插地中，各层铁丝延长 4～5 米，将 3 根铁丝拧在一起，缠绑在斜插的木桩上，以防倾倒。也可用竹竿、木杆代替铁丝，立柱可用木头，如用角铁更好，可按不同规格打眼并涂防锈漆，不用时拆掉。

(3)草架晒制干草法　在比较潮湿的地区或者在雨水较多的季节，可以根据当地条件在专门制作的草架上调制干草。晒草架做成组合式，可任意拆装和调整，适于配合机械运输、堆积。干草架子有独木架、三脚架、幕式棚架、铁丝长架、活动架等。在架子上干燥可以大大提高牧草的干燥速度,保证干草的品质。在架子上干燥时应自上而下地把草置于草架上,厚度应小于70厘米,并保持蓬松和一定的斜度,以利于采光和排水。

(4)机器干燥法 将收割的牧草放在高温烘干机中,含水量很高的牧草在烘干机内经过几分钟或几秒钟后,水分便下降到5%~10%。此法调制干草对牧草的营养价值及消化率影响很小,但需要较高的投入,成本大幅增加,适合现代牧草加工企业。

3. 贮存和保管 调制好的干草应及时妥善收藏保存。青干草的贮藏方法,对青干草品质影响很大。若青干草雨淋受潮,营养物质易发生分解和破坏,严重时会引起干草发酵、发热、发霉,使青干草变质,失去原有的色泽,并有不良气味,饲用价值大大降低。青干草收藏方法可因具体情况和条件而定。青干草在贮存中应注意控制含水量在17%以下,并注意通风和防雨。这是由于青干草仍含有较高水分,发生于青干草调制过程中的各种变化并未完全停止。如果不注意通风,周围环境湿度大或漏雨,致使干草水分升高,则酶和微生物共同作用会导致青干草内温度升高;当温度达72℃以上时,会出现化学氧化,导致进一步产热,热量的累积最后会引起青干草自燃。因此,要定期检查维护,发现漏缝、温度升高,应及时采取措施加以维护。

干草经过长期贮存后,干物质的含量及消化率降低,胡萝卜素被破坏,草香味消失,适口性也差,营养价值下降。因此,过长时间的贮存或是隔年贮藏的方法是不适宜的。

(二)草粉加工

草粉是指将适时刈割的牧草快速干燥后粉碎而成的青绿色粉状饲料,许多国家把草粉作为重要的蛋白质、维生素饲料资源。我国生产草粉的主要原料有青干草、作物秸秆、树叶等。

1. 草粉原料　生产优质青草粉的原料，主要是一些高产优质的豆科牧草及豆科与禾本科混播牧草，如苜蓿、沙打旺、草木樨、三叶草、红豆草和野豌豆等；若采用混播牧草，则优质豆科牧草的比例（按干物质计）应不低于 1/3，目前世界各国加工青草粉的主要原料是苜蓿。不适宜加工青草粉的有杂类草，木质化程度较高且粗纤维含量高于 33%的高大粗硬牧草，含水量在 85%以上的多汁、幼嫩饲草，如聚合草、油菜等也不适宜加工青草粉。

2. 适时刈割　草粉的质量与原料牧草的刈割期有很大关系，应选择营养价值最高的时期进行刈割。豆科牧草第一茬的刈割期应在孕蕾初期，以后各茬次的刈割期应在孕蕾末期；禾本科牧草不得迟于抽穗期。如果错过最适刈割期，生产出来的青草粉纤维素含量就会增加，胡萝卜素和蛋白质含量下降。采用牧草联合收割机，完成牧草的刈割、切碎（30 毫米）、装运、干燥等环节的流水作业，有利于保存牧草的营养成分。

3. 粉碎与制粒　用于养羊的草粉加工属粗粉碎，筛孔直径为 15～30 毫米，一般采用锤片式粉碎机。国外加工草粉的成套设备和单机多数是专门设计的，生产率高，有的每小时产量高达 10～12 吨。

牧草粉碎工艺：牧草收获→运输→切碎→烘干→粉碎

澳大利亚 MX-100 粉碎机每小时加工苜蓿 5.5 吨，产品系列化，耗能低。

为了减少青草粉的养分损失和容积，通常再把草粉压制成草颗粒。草粉颗粒可减少与空气的接触面，降低养分损失；草颗粒的容重是草粉的 2～2.5 倍，可显著减少运输和贮存费用，减少饲喂中的浪费，增加采食量；混合饲草制粒，可防止择食，提高干草利用率；在制粒过程中，可添加抗氧化剂，以防止胡萝卜素的损失。制草粉和草颗粒因成本高，只有在大规模养殖场或兼作饲料加工厂时才划算。

（三）青贮技术

青贮饲料是指在厌氧条件下经过乳酸菌发酵调制而成的青绿多汁饲料，还包括经过添加酸制剂、甲醛、酶制剂等添加剂，抑制有害微生物发酵、促使 pH 值下降而保存的青绿多汁饲料。优质青贮饲料是肉羊生产的重要饲料来源，因而掌握青贮饲料制作技术十分必要。

1. 青贮设施

(1)青贮窖　青贮窖是我国北方地区使用最多的青贮设施，可分为地下式青贮窖、半地下式青贮窖和地上式青贮窖；圆形窖与长方形窖。一般在地下水位比较低的地方，可使用地下青贮窖。地下窖装填方便，容易踩实压紧，在生产中最常见；在地下水位比较高或砂石较多、土层较薄的地方宜建造半地下式和地上式青贮窖。青贮窖窖底与地下水位相距 0.5 米以上(地下水位按历年最高水位为准)，以防地下水渗透进青贮窖内，同时用砖、石、水泥等原料将窖底、窖壁砌筑起来，以保证密封性。

青贮原料较少时，宜建造圆形窖，因为圆形窖与同样容积的长方形窖相比，窖壁面积小，贮藏损失少。一般圆形窖的大小以直径 2 米、窖深 3 米、直径与窖深比例为 1∶1.5～2 为宜。青贮原料较多时宜采用长方形窖，一般小型长方形窖宽 1.5～2 米(上口宽 2 米，下底宽 1.5～1.6 米)、深 2.5～3 米、长 6～10 米；大型长方形窖宽 4.5～6 米、深 3.5～7 米、长 10～30 米。窖址选择要求地势高燥，易排水，离圈舍较近。不要在低洼处或树荫下建窖。窖壁修建要光滑，长方形的窖(壕)四角应做成圆形，便于青贮料下沉，排出空气。半地下窖先把地下部分挖好，内壁上下垂直，再用湿黏土或砖、石等向上垒砌 1 米高的壁，窖底挖成锅底形。

圆形青贮窖容积(米^3)＝3.14×青贮窖直径^2(米^2)×青贮窖

高度(米)÷4

长方形青贮窖容积(米^3)=(窖上口宽+窖下口宽)÷2×窖深或高×窖长

根据青贮饲料重量(表 4-2)设计窖的修建规格。

表 4-2　各种青贮饲料单位体积重量

切碎的原料	重量(千克/米^3)	切碎的原料	重量(千克/米^3)
全株玉米	600	野　草	600　750
收获后的玉米秸	450～500	甘薯藤	500～550
青　草	500～550	萝卜缨	750

(2)袋贮　采用 0.8～1.0 毫米厚的双幅聚乙烯塑料薄膜制成塑料袋,将青贮原料装填其内;也可将青贮原料用机械压成草捆,再用塑料袋或塑料薄膜密封起来,利用袋内乳酸发酵调制优质青贮饲料。袋贮操作简便,存放地点灵活,且养分损失少,可商品化生产。但在贮放期间要注意预防鼠害和薄膜破裂,以免引起二次发酵。

2. 青贮原料的准备

(1)调制青贮饲料应具备的基本条件

①适宜的含水量　青贮原料中含有适宜的水分是保证乳酸菌正常活动与繁殖的重要条件,含水量过高或过低,都会影响正常的发酵过程与青贮的品质,一般为 65%～70%。

用手抓一把铡短的原料,轻揉后用力握,手指缝中出现水珠但不成串滴出,说明含水量适宜;无水珠则含水分少,应均匀洒清水或加入含水分高的青饲料;若成串滴出水珠,说明水分过多,青贮前需加入干草或适量麸皮等吸收水分。

水分含量过少的原料,在青贮时不容易踏实压紧,青贮窖内会残存大量的空气,从而造成好气性细菌大量繁殖,使青贮饲料发霉变质。而含水量过高的原料，在青贮时压得过于紧实，一方面会使大量的细胞汁液渗出细胞造成养分的损失；另一方面会引起酪酸发酵，使青贮饲料的品质下降。因此，青贮时原料的含水量一定要适宜。

②足够的含糖量　青贮过程是通过乳酸菌发酵，把青贮原料中的糖分转化成乳酸，乳酸的积累使青贮窖内的 pH 值下降到 4.2 以下，从而抑制各种有害微生物的生长和繁殖，达到保存青绿饲料的目的。因此，需要青贮原料中含有足够的糖分，满足乳酸菌需要。

所有的禾本科饲草、甘薯藤、菊芋、向日葵、芜菁和甘蓝等，含糖量符合青贮要求，可以单独进行青贮，但豆科牧草、马铃薯的茎叶等，其含糖量不能满足青贮的要求，因而不能单独青贮，必须与禾本科饲草按 1∶2 的比例混合青贮，

③厌氧环境　青贮原料装窖前必须铡短，质地粗硬的原料，如玉米秸秆等以 2 厘米为宜；柔软的原料，如藤蔓类以 3～5 厘米为宜。切短的 6 个优点：切碎后，装填原料变得容易，单位体积内装填重量增加。改善作业效率，便于压实。易于清除青贮窖内的空气，阻止植物呼吸并迅速形成厌氧条件，减少养分损失，提高青贮品质。能使青贮添加剂均匀分布于原料中。切碎后会有部分细胞汁液渗出，有利于乳酸菌的生长和繁殖。切短后在开窖饲喂时取用也比较方便，家畜也容易采食。

装填时压实是为了排除青贮窖内的空气，减弱呼吸作用和腐败菌等好气性微生物的活动，从而提高青贮饲料的质量。装窖后密封的目的是保持青贮窖内的厌气环境，以利于乳酸菌的生长和繁殖。青贮窖的密封性也是厌氧条件的保证。

当能满足上述 3 个条件时，青贮温度一般会保持在 30℃左右，这个温度条件有利于乳酸菌的生长与繁殖（20℃～30℃），保证青贮饲料的质量。

(2)常用的青贮原料

①青刈带穗玉米 乳熟期整株玉米含有适宜的水分和糖分，是制作青贮的最佳原料。

②玉米秸 收获果穗后的玉米秸仍有1/2的绿色叶片，适于青贮；若部分秸秆发黄，3/4的叶片干枯视为青黄秸，青贮时每100千克原料需加水5～15升。

③甘薯蔓 及时调制，避免霜打或晒成半干状态而影响青贮质量。

④白菜叶、萝卜叶等 菜叶类含水分70%～80%，最好与干草粉或麸皮混合青贮。

(3)青贮制作步骤

①适时收割 根据青贮原料品质、营养价值、采食量和产量等综合因素来判断禾本科牧草的最适宜刈割期为抽穗期(出苗或返青后50～60天)；而豆科牧草为开花初期最好；专用青贮玉米，即带穗整株玉米，多在蜡熟末期收获；兼用玉米即籽粒作粮食或精饲料，秸秆作青贮饲料，目前多选用在籽粒成熟时茎秆和叶片大部分呈绿色的杂交品种，在蜡熟末期及时掰果穗后，抢收茎秆制作青贮。

②原料切碎 必须在短时间内将原料收、运到青贮地点进行切碎。切成2～3厘米。切碎机械，有切碎机、甩刀式收割机和圆筒式收割机等，圆筒式收割机的切碎效果更高。将切碎机械放置在青贮窖旁，使切碎的原料直接进入窖内，以减少养分损失。

③装填压实 选晴好天气，一般小型窖当天完成，大型窖在2～3天装填完毕。装填时间越短，青贮品质就越高。

在装填青贮原料之前，要把青贮设施清理干净，可先在窖底铺一层10～15厘米厚切短的秸秆软草，以便吸收青贮汁液。窖壁四周衬一层塑料薄膜，可加强密封和防漏气渗水(永久性窖不铺衬)，然后把铡短的原料逐层装入铺平、压实。特别注意靠近容壁和角的地方不能留有空隙。小型青贮窖可由人力踩踏，大型青贮窖宜用履带式拖拉机来压实，但其边、角部位仍需由专人负责踩踏。压实时不要带进泥土、油垢、铁钉或铁丝等物，以免污染青贮原料，羊采食后造成胃穿孔。一般每装填30厘米就要压实1次。由于封窖数天后青贮原料会下沉，因此装填要高出窖口0.5～0.7米后封窖。

④封严整修　原料装填完毕后及时封严，以隔绝空气，防止雨水。封顶时，首先盖一层10～20厘米厚的切短秸秆或青干草，上面再盖一层塑料薄膜，薄膜上面再压30～50厘米厚的土层，窖顶呈蘑菇状，以利于排水。四周挖排水沟。

封顶之后，青贮原料都要下沉，特别是第一周下沉最多。因此，需要经常检查，一旦发现下沉造成顶部裂缝或凹陷，要及时用土填平并密封，以保证青贮窖内处于无氧环境。

(4)青贮饲料品质鉴定　主要做感官鉴定，有条件的羊场可做实验室鉴定。

优质青贮饲料：呈绿色或黄绿色，有光泽；芳香，给人以舒适感；质地松柔、湿润、不粘手、茎叶花能分辨清楚。

中等青贮饲料：呈黄褐色或暗绿色；有刺鼻醋酸味，芳香味淡；质地柔软、水分多，茎叶花能分辨清楚。

劣质青贮饲料：呈黑色或褐色；有刺鼻的腐败味、霉味；腐烂、发黏、结块，分辨不清组织结构。劣质青贮饲料不要饲喂，以防消化道疾病。

实验室鉴定，用pH试纸测定青贮饲料的酸碱度，pH值在3.8～4.4为优质，pH值在4.5～5.0为中等，pH值大于5.0的为劣质青贮。测定有关酸类含量也可判断青贮饲料品质，优质青贮饲料含游离酸2%，其中乳酸占1/2，醋酸占1/3，酪酸不存在。

(5)青贮饲料取用

①开窖取用注意事项　青贮饲料一般经过30～40天便能完

成发酵过程，此时即可开窖饲用。对于圆形窖，因为窖口较小，开窖时可将窖顶上的覆盖物全部去掉，然后自表面一层一层地向下取用，使青贮饲料表面始终保持一个平面，切忌由一处挖窝掏取，而且每天取用的厚度要达到 6 厘米以上，高温季节最好达到 10 厘米以上。对于长方形窖，开窖取用时清除全部覆盖物，如黏土、碎草层、上层发霉青贮饲料等，由上而下取用，保持表面平整，每次取用厚度不小于 5 厘米，千万不要将整个窖顶全部掀开，而是由一端打开 70～100 厘米的长度，然后由上至下平层取用。取后及时覆盖草苫或席片，防止二次发酵。

②二次发酵的防止　青贮饲料的二次发酵是指在开窖之后，由于空气进入导致好气性微生物大量繁殖，温度和 pH 值上升，青贮饲料中的养分被分解并产生好气性腐败的现象。

为了防止二次发酵的发生，在生产中可采取以下措施：一是要做到适时收割，控制青贮原料的含水量在 60%～70%，不要用霜后刈割的原料调制青贮饲料，因为这种原料会抑制乳酸发酵，容易导致二次发酵。二是要做到在调制过程中一定要把原料切短、压实，提高青贮饲料的密度。三是要加强密封，防止青贮和保存过程中漏气。四是要做到开窖后连续使用。五是要仔细计算日饲喂量，并据此合理设计青贮窖的断面面积，保证每日取用的青贮料厚度冬季在 7 厘米以上、夏季在 15 厘米以上。六是喷洒甲酸、丙酸、己酸等防腐剂。

(6)青贮饲料的饲喂　饲喂量要由少到多，先与其他饲料混喂，使其逐渐适应。由于青贮饲料含水量较高，因此冬季往往冰冻成块，这种冰冻的青贮饲料不能直接饲喂，要先置于室内，融化后饲喂，以免引起消化道疾病。霉变的青贮饲料必须扔掉，不能饲喂。取出的青贮饲料要当天喂完，不能放置过夜。尽管青贮饲料是一种良好的饲料，但它不能作为育肥羊的唯一饲料，必须与精饲料、干草等搭配饲喂。

（四）秸秆微贮技术

在农作物秸秆中加入高效活性菌（秸秆发酵活干菌），经密封、发酵使农作物秸秆变成柔软、具有酸香味的饲料称为微贮秸秆饲料。其原理是秸秆在适宜的温度和厌氧条件下，由于秸秆发酵菌的作用，秸秆中的半纤维素糖键和木质素聚合物的酯键被酶解，增加了秸秆的柔软性和膨胀度，使羊瘤胃微生物能直接与纤维素接触，从而提高了粗纤维的消化率。同时，在发酵过程中，部分木质纤维素类物质转化为糖类，糖类又被有机酸发酵菌转化为乳酸和挥发性脂肪酸，使 pH 值降到 4.5～5.0，抑制了丁酸菌、腐败菌等有害菌的繁殖，使秸秆能够长期保存不坏。

微贮秸秆具有成本低、效益高等优点。微贮秸秆可以作为草食家畜日粮中的主要粗饲料，饲喂时可以与其他牧草搭配，也可以与精饲料同喂。开始饲喂时应循序渐进，逐步增加饲喂量。待肉羊适应后，可任其自由采食。羊饲喂量每日每只 1.5～2.5 千克。

三、精饲料的加工与利用

为提高育肥羊日粮的适口性、采食量，改善营养价值，增加某些营养成分含量，需要对饲料进行合理加工调制。

（一）子实饲料的加工调制

1. 粉碎　子实类饲料虽然可以直接喂羊，但咀嚼性较差，消化率低，特别是其表皮不易消化。经粉碎后利于咀嚼，饲料碎粒表面积增大，有利于与消化液的接触，从而提高消化率。有研究证明，子实饲料喂羊并不是粉碎得越细越好，一般绿豆粒大小饲喂效果最佳。压扁处理饲喂效果也好。

2. 浸泡　对一些坚硬子实及饼类，经浸泡可起到软化、去除饲料中异味和有毒成分的作用，从而提高饲料的适口性和减少饲料的毒副作用。浸泡用水量应根据目的不同而异。用于减轻异味，可用热水浸泡，料水比例为1∶1.5～2.0；用于软化时，料水比例为1∶1～1.5；用于脱毒时，料水比例为1∶2.5。浸泡时间因温度和饲料种类不同而变化，一般以不引起精饲料变质为宜。夏季注意浸泡饲料当天用完，防止变质。

3. 蒸煮和焙炒　豆类子实含胰蛋白酶抑制素，蒸煮或焙炒后能破坏这种抑制素的作用，提高其消化率，同时也可以改善适口性。

禾本科子实含淀粉较多，经蒸煮或焙炒后，部分淀粉糖化，变成糊精，产生香味，适口性好，同时也易于消化。

4. 发芽　子实发芽后可作为维生素补充料。发芽饲料原料最常用的是大麦等禾本科子实。方法是先将子实用15℃左右的温水或冷水浸泡12～24小时，摊放在木盘或苇席上，厚度3～5厘米，覆盖麻袋或草席，经常喷洒清水，保持湿润；放在20℃～25℃的室内，发芽所需时间视温度和需要芽长而定。一般经过5～8天即可发芽。

发芽饲料（大麦、青稞、燕麦和谷子等）的喂量，成年公羊每天100～150克/头，羔羊和育肥羊可适当减量。妊娠母羊在临产前不要饲喂，以免引起流产。

5. 糖化　饲料的糖化是利用植物子实中的淀粉在饲料本身或麦芽中淀粉酶的作用下，使一部分淀粉水解为麦芽糖，以提高饲料的适口性和消化率。糖化饲料可在肉羊育肥日粮中使用。糖化饲料的制作方法为：将子实粉碎，加入2.5倍热水，混匀后在55℃～60℃的温度经4小时，即可使饲料中含糖量增加到8%～12%。如果加入2%的麦芽，糖化速度更快。

（二）蛋白质饲料的过瘤胃保护技术

进入羊小肠内的蛋白质有两个来源：一种是饲料粗蛋白质经

瘤胃微生物降解后合成的菌体蛋白质;另一种是饲料中蛋白质未经微生物酵解而直接进入小肠的未降解蛋白,又称“过瘤胃蛋白”。为了提高饲料蛋白质的利用率,多年来人们致力于进行蛋白质饲料的保护技术研究,目前已采用了化学调控法、热处理法、化学保护法、食管沟反射、蛋白质包被和氨基酸包被等措施。比较实用的有以下几种:

1. 甲醛处理　这是目前应用较广泛的方法,操作时应注意不同的蛋白质饲料所需甲醛量不同,否则形成“过度保护”反而不利于蛋白质饲料的有效利用。具体方法是:将饼粕饲料粉碎,每100千克饼粕加入0.7千克37%甲醛,在混合机中混合均匀,然后用塑料薄膜密封24小时后,自然晾干。甲醛处理的饼粕类饲料能较好地保护饲料蛋白质不受瘤胃微生物的酵解。

2. 全血处理　利用血粉在瘤胃中降解率低的特点,对蛋白质饲料做包被保护,将畜禽血液趁新鲜时收集于桶中,每升血液加入柠檬酸钠6.8克,每100千克饼粕加入血液150～200升,均匀混合。在70℃温度干燥,过3毫米筛即可。

目前,蛋清、乳清蛋白、硫酸锌、脂肪酸钙等也已开始作为过瘤胃保护剂应用,并取得了良好的效果。

第五章

羔羊育肥的营养需要与饲料配制

一、羔羊育肥所需营养物质及其功能

在羔羊育肥的过程中，营养是最重要的因素。羔羊欲维持生命和健康，确保正常的生长发育及组织修补等，必须由饲料中摄取所需的各种营养物质。羔羊育肥所需的营养物质包括碳水化合物、蛋白质、脂肪、矿物质、维生素和水。

（一）碳水化合物

饲料中的碳水化合物主要包括糖、淀粉、纤维素、半纤维素、木质素、果胶及黏多糖等，是动物体不可缺少的一种营养物质。碳水化合物是形成动物体组成成分和合成畜产品不可缺少的成分，也是动物能量的主要来源。羊的呼吸、运动、生长、维持体温等全部生命过程都需要热量，这些热量的主要来源是碳水化合物，碳水化合物被羊体消化吸收和氧化分解产生热量，维持体温及生命活动，供给生产所需能量。剩余部分，可以在体内转化成脂肪储存起来，以备饥饿时动用。此外，羊瘤胃中微生物的繁殖及菌体蛋白质的合成也受碳水化合物的影响。羊瘤胃内若有充足的碳水化合物，可促进瘤胃微生物的繁殖和活动，有助于蛋白质等其他营养物质的有效利用。每克碳水化合物能产生4千卡的热量，若饲料中碳水化合物供应不足，就会动用体内储存的脂肪和蛋白质来满足能量的需求，导致羔羊减重，生长发育缓慢，繁殖力也会降低。羔羊育肥应多喂碳水化合物含量高的饲料。

碳水化合物可分为无氮浸出物和粗纤维。无氮浸出物又称易溶性碳水化合物，主要包括淀粉和糖类，主要来自于精饲料，含能量高，易于被消化利用。玉米、高粱等精饲料和薯类中含大量无氮浸出物，占干物质的60%～70%，是羔羊快速育肥的主要能量来源。粗纤维包括纤维素、半纤维素、木质素，是植物细胞壁的主要成分，主要来自于牧草和其他粗饲料，如干草、作物秸秆和青贮饲料，这类饲料的粗纤维含量高。粗纤维在瘤胃纤维分解菌的作用下，可将不溶性纤维素分解为可溶性的糊精和糖，再分解成挥发性脂肪酸，即乙酸、丙酸、丁酸，被羊利用。粗纤维除能供热能外，还能填充胃肠，使羊有饱腹感，同时能刺激胃肠蠕动，有利于草料消化和粪便排泄。

（二）蛋白质

蛋白质是构成羊皮、羊毛、肌肉、蹄、角、内脏器官、血液、神经、酶类、激素、抗体等体组织的基本物质。各个生理阶段的羊都需要一定的蛋白质。羔羊缺乏蛋白质生长发育受阻，严重者发生贫血、水肿，抗病力弱，甚至引起死亡。与成年羊比较，羔羊育肥需要蛋白质更多些，原因是羔羊育肥主要是肌肉组织的增长，而成年羊育肥主要是脂肪组织的增长。

饲料中的蛋白质是由各种氨基酸组成的。羊对蛋白质的需要，实质就是对各种氨基酸的需要。饲料中的蛋白质进入羊瘤胃后，大多数被微生物利用，合成菌体蛋白，然后与未被消化的蛋白一同进入真胃，由真胃消化酶分解成必需氨基酸和非必需氨基酸，被消化道吸收利用。在体内不能合成或合成速度和数量不能

满足羊体正常生长需要，必须从饲料中供给的称为必需氨基酸。成年羊瘤胃微生物能合成微生物蛋白并满足各种氨基酸需要，因此羊对饲料蛋白质品质的要求不太严格，一般也不缺必需氨基酸。羔羊（一般指断奶前）由于瘤胃发育不完善，至少要提供9种必需氨基酸，即组氨酸、异亮氨酸、亮氨酸、赖氨酸、蛋氨酸、苯丙氨酸、苏氨酸、酪氨酸和缬氨酸，4月龄后羊瘤胃微生物基本发育完善。

一般动物性蛋白饲料优于植物性蛋白质饲料，鱼粉、血粉、肉粉蛋白质品质最好，但目前反刍家畜饲料中不许添加动物性蛋白质饲料。豆类饲料和饼粕类饲料中的蛋白质营养价值高于谷物饲料。饲料蛋白质被羊食入后，在瘤胃中被微生物降解成肽和氨基酸，然后再合成菌体蛋白被小肠吸收，在转化过程中形成养分损失，影响利用率。饲喂降解率低的蛋白饲料，可减少蛋白质营养在瘤胃内的酵解，使其直接进入真胃、小肠被消化吸收，从而提高转化效率；也可以采用"过瘤胃技术"减少饲料蛋白质的瘤胃降解损失。

蛋白质饲料较缺乏的地区可以用尿素或铵盐等非蛋白质含氮物质饲喂育肥羊，代替一部分蛋白质饲料。4月龄以前的羔羊因瘤胃微生物区系尚未发育成熟，利用尿素的能力有限，尿素喂量过多，吸收就会降低，瘤胃中微生物随之减少，纤维素的消化率下降；严重时会引起尿素中毒，甚至死亡。尿素喂量，一般占日粮干物质的1%，也可按每100千克体重日喂20克计算。

（三）脂　肪

羊的各种器官、组织，如神经、肌肉、皮肤、血液等都含有脂肪。脂肪不仅是构成羊体的重要成分，也是热量的重要来源。每克脂肪可产热量13千卡，是碳水化合物或蛋白质的3.25倍。另外，脂肪也是脂溶性维生素的溶剂，饲料中维生素A、维生素D、维生素E、维生素K及胡萝卜素，只有被饲料中的脂肪溶解后，才能被羊体吸收利用。多余的脂肪以体脂肪形式储存于体内，保持体温，并在饲料条件差时转化为热量维持生命和生产。

羊体内的脂肪主要由饲料中的碳水化合物转化为脂肪酸后再合成体脂肪，但羊体不能直接合成十八碳二烯酸（亚麻油酸）、十八碳三烯酸（次亚麻油酸）和二十碳四烯酸（花生油酸）3种不饱和脂肪酸，必须从饲料中获得，称为必需脂肪酸。若日粮中缺乏这些脂肪酸，羔羊生长发育缓慢，皮肤干燥，被毛粗直，易患维生素A、维生素D和维生素E缺乏症。羊瘤胃微生物，可将饲料中不饱和脂肪酸氧化为饱和脂肪酸。同时，羊空肠后部能较好地吸收长链脂肪酸和饱和脂肪酸，因此羊的体脂肪组成与单胃动物不同，饱和脂肪酸比例明显大于不饱和脂肪酸。豆科作物子实、玉米糠及稻糠等含有较多脂肪。

羊日粮中不必添加脂肪，因为羊对脂肪需求量相对较少，一般饲料即能满足需求。日粮中脂肪含量超过10%，会影响羊瘤胃微生物发酵，阻碍羊体对其他营养物质的吸收和利用。

（四）矿物质

矿物质是构成机体组织的重要组成部分，参与肉羊的神经系统、肌肉系统、营养的消化、运输及代谢、体内酸碱平衡等生理活动，也是体内多种酶的重要组成部分和激活因子，是保证羊体健康和生长发育所必需的营养物质。矿物质在羊的器官中有一定储备，短期内日粮中缺乏时，可动用其体内储备加以弥补，但长期不足或过量，则会造成羊的矿物质缺乏或中毒。现已证明，至少15种矿物质元素是肉羊所必需的，其中常量元素7种：钠、钾、钙、镁、氯、磷和硫；微量元素8种：碘、铁、钼、铜、钴、锰、锌和硒。

1. 钙和磷　钙和磷是羊体内含量最多的矿物质，占矿物质总量的65%～70%，约有99%的钙和80%的磷存在于骨骼和牙齿

中，少量钙存在于血清及软组织中，少量磷以核蛋白形式存在于细胞核中、以磷脂的形式存在于细胞膜中。钙是细胞和体液的重要成分，也是一些酶的重要激活因子，缺钙时会影响羊生理功能的发挥，如血液中缺钙，会严重影响凝血酶的生物学活性。磷是核酸、磷脂和蛋白质的组成成分，具有重要的生物学功能。

羊日粮适宜钙磷比例为1.5～2∶1，日粮中缺钙或钙磷比例不当和维生素D供应不足时，羔羊会出现佝偻病。缺乏磷时，羊出现异食癖，如啃食羊毛、砖块、泥土等。幼龄羊、泌乳羊对钙、磷需求量较多。

一般植物饲料中钙含量均低，但豆科牧草如苜蓿、红豆草等含钙量较高，农作物秸秆含磷量较低，而谷实类（玉米、高粱等）、饼粕、糠麸含磷量较高。大量饲喂含草酸多的青饲料可影响钙的吸收。研究表明，在放牧条件下，羊很少发生钙、磷缺乏，这可能与羊喜欢采食含钙、磷较多的植物有关。在舍饲条件下如以粗饲料为主，应注意补充磷；以精饲料为主则应注意补充钙。钙、磷过量会抑制干物质采食量，抑制瘤胃微生物的生长繁殖，并会影响锌、锰、铜等矿物元素的吸收。日粮补充钙、磷应使用碳酸钙、氯化钙、磷酸氢钙和磷酸三钙等。由于瘤胃微生物的作用，肉羊对植酸磷的利用率高于单胃动物。

2. 钠、钾和氯　主要分布在肉羊体液及软组织中，是维持渗透压、调节酸碱平衡、控制水代谢的主要元素。此外，氯还参与胃液盐酸形成，以活化胃蛋白酶。

植物性饲料尤其是秸秆中钠的含量最少，其次是氯，钾一般不缺乏，因此肉羊日粮中钠和氯不能满足其生理需要。羊缺乏钠和氯可引起食欲下降，消化不良，生长受阻。一般用食盐补充氯和钠，食盐既是营养品又是调味剂，可提高食欲，促进生长发育。一般食盐按日粮干物质的0.15％～0.25％或混合精料的0.5％～1％补给。在育肥羊日粮中，每天每只补饲5～8克食盐，也可基本满足其需要。过量食入食盐,饮水又不足时会出现腹泻,严重者可引起食盐中毒,甚至死亡。可以将食盐与其他矿物质及辅料混合后制成舔砖让羊舔食。

钾的主要功能是维持体内渗透压和酸碱平衡。育肥羊对钾的需要量占日粮干物质的0.5%～0.8%。

3. 铁 铁主要存在于羊的肝脏和血液中,参与血红蛋白的形成,也是血红素、肌红蛋白和许多呼吸酶类的成分,还参与骨髓的形成。饲料中缺铁时,易导致羊患贫血症,羔羊尤为敏感。铁过量会引起磷的利用率降低,导致骨软症。

青绿饲料和谷类含铁丰富,成年羊一般不易缺铁。对哺乳早期的羔羊和舍饲的生长育肥羊应补充铁元素,铁主要通过硫酸亚铁添加剂的形式补充。铁过量易引起羔羊的屈腿综合征。

4. 铜 铜对红细胞和血红素的形成有催化作用,还是黄嘌呤氧化酶及硝酸还原酶的组成成分。日粮中缺乏铜,会影响铁的正常代谢,出现贫血,生长停滞,骨质疏松,行动失调,心脏纤维变性,毛品质下降等。

由于牧草和饲料中含铜量较多,放牧饲养的成年羊一般不易缺铜。但如果长期饲喂缺铜地区土壤中的草料或草地土壤中钼的含量较高时,容易造成铜的缺乏。通常在羊的日粮中补充硫酸铜、蛋氨酸铜等添加剂。需要注意的是,羊对铜的耐受性较低,补饲不当会引起铜中毒。

5. 镁 体内70%的镁存在于骨骼和牙齿中,25%存在于软组织细胞中,镁也是磷酸酶、氧化酶、激酶、肽酶、精氨酸酶等多种酶的活化因子,参与蛋白质、脂肪和碳水化合物的代谢和遗传物质的合成等,调节神经肌肉兴奋性,维持神经肌肉的正常功能。

反刍动物镁需要量高,一般是单胃动物的4倍左右,加之饲料中镁含量变化大,吸收率低,因此出现缺乏症的可能性大。土壤中缺镁地区牧草也缺镁,特别在晚冬和早春放牧季节,牧地植物中含镁量最少，气候寒冷和多雨更易引起镁缺乏症。羊缺镁时会出现生长受阻、兴奋、痉挛、厌食、肌肉抽搐等症状。缺镁初期，肉羊出现外周血管扩张，脉搏次数增加。随后，血清中含镁量显著降低。当血清中镁含量从正常的1.7～4毫克/100毫升下降到0.5毫克/100毫升时，出现神经过敏、震颤、面部肌肉痉挛和步态蹒跚等症状，称为“牧草痉挛”。缺镁是引起羊大量采食青草后患抽搐症的主要原因。在晚冬和初春放牧季节，因牧草含镁量少，羊只对嫩绿青草中镁的利用率较低，所以易发生镁缺乏。干草中镁的吸收率高于青草，饼粕和糠麸中镁含量丰富，舍饲育肥羊较少发生镁缺乏症。

治疗羊缺镁病可皮下注射硫酸镁药剂，以放牧为主的育肥羊可以对草场施镁肥而预防缺镁。镁过量可造成羊中毒，主要表现为昏睡、运动失调、腹泻，甚至死亡。

6. 硫　硫是羊必需矿物质元素之一，参与氨基酸、维生素和激素的代谢，并具有促进瘤胃微生物生长的作用。硫分布于羊体的每个细胞，主要以蛋白质中的蛋氨酸、胱氨酸、半胱氨酸的形式存在，还存在于生物素和硫胺素中。羊的蹄、角、毛等角蛋白质含有较多的硫元素。硫对体蛋白合成、激素和被毛以及碳水化合物代谢有重要作用。

无论有机硫还是无机硫，被羊采食后均降解成硫化物，然后合成含硫氨基酸。正常情况下羊很少出现硫缺乏症。羊缺硫时，表现食欲减退、掉毛、多泪、流涎及体重下降。羊补饲非蛋白氮时必须补饲硫酸盐，否则会造成瘤胃中氮与硫的比例不当，影响瘤胃微生物降解、合成效率，并出现缺硫现象。

常用的硫补充原料有无机硫和有机硫两种，无机硫补充料有硫酸钙、硫酸铵、硫酸钾等，有机硫补充料有蛋氨酸螯合物。羊瘤胃微生物能有效地利用无机硫，合成含硫氨基酸，有机硫的补充效果优于无机硫。

7. 锌 锌是体内多种酶(如碳酸酐酶、羧肽酶)和激素(胰岛素、胰高血糖素)的组成成分,对羊的睾丸发育、精子形成有重要作用。锌缺乏时肉羊表现为精子畸形,公羊睾丸萎缩,母羊繁殖力下降,羔羊采食量下降,降低机体对营养物质的利用率,增加氮和硫的尿排出量。青草、糠麸和饼粕含有较多的锌,玉米和高粱含锌量较低(15～20 毫克/千克)。

一般情况下,羊可根据日粮含锌量调节锌的吸收。当日粮含锌少时,吸收率迅速增加并减少体内锌的排出。美国国家科学研究委员会(NRC)推荐的锌需要量为 20～33 毫克/千克干物质。

8. 锰 锰对卵泡的形成、肌肉和神经的活动都有一定作用。锰可促进钙、磷的吸收,反过来钙磷比例不当又影响锰的消化和吸收。缺锰导致羊繁殖力下降,长期饲喂含锰量低于 8 毫克/千克的日粮,会导致青年母羊初情期推迟、受胎率降低、妊娠母羊流产率提高、羔羊性别比例不平衡、羔羊初生体重低、死亡率高、育肥效果差等现象。

青绿饲料和糠麸中含锰量较高,谷物子实及块根、块茎中含量较低。生产中可用硫酸锰、氯化锰等补充锰。NRC 认为饲料中含锰量达到 20 毫克/千克时,可满足各阶段羊对锰的需求。

9. 钴 钴是维生素 B_{12} 的组成成分,参与血红素和红细胞的形成,在代谢作用中是某些酶的激活剂。钴对于羊还有特别意义,即促进瘤胃微生物的生长,增强瘤胃微生物对纤维素的分解,参与维生素 B_{12} 的合成,对瘤胃蛋白质的合成及尿素酶的活性有较大影响。

羊缺钴表现食欲不振、贫血、消瘦,羔羊生长停滞。血液及肝脏中钴的含量可作为羊体是否缺钴的标志,血清中含钴量 0.25～0.30 微克/升为缺钴的界限;若低于 0.20 微克/升为严重缺钴。正常情况下,羊的鲜肝中钴的含量为 0.19 毫克/千克。羊营养性缺钴具有地区性,土壤缺钴易导致饲草、饲料缺钴。羊采食的饲草每千克干物含钴量低于 0.07 毫克/千克时会出现缺钴症。

钴可通过口服或注射维生素 B_{12} 来补充，也可用氧化钴制成钴丸，使其在瘤胃中缓慢释放，达到补钴的目的。缺钴地区，可以给羊补钴，制成添加剂或钴化食盐，也可将氧化钴制成钴胶丸，使其在羊瘤胃内缓慢释放。羊对钴的耐受量比较高，日粮中含量可以高达 10 毫克/千克。日粮钴的含量超过需要量的 300 倍时会产生中毒反应。生产中羊钴中毒的可能性较小，且钴的毒性较低。过量时会出现厌食、体重下降、贫血等症状，与缺乏症相似。

10. 硒　硒是谷胱甘肽过氧化物酶及多种微生物酶发挥作用的必需元素，还是体内一些脱碘酶的重要组成部分。具有抗氧化作用，能把过氧化脂类还原，保护细胞膜不受脂类代谢产物的破坏。硒还有助于维生素 E 的吸收和存留。

缺硒对羔羊生长有严重影响，主要表现为白肌病，尸体解剖可见横纹肌上有白色的条纹，羔羊生长缓慢。此病多发生在羔羊出生后 2～8 周龄，死亡率很高。缺硒有明显的地域性，常与土壤中硒的含量有关，当土壤含硒量在 0.1 毫克/千克以下时，肉羊即表现为硒缺乏。我国存在大面积缺硒地带，缺硒地区饲料、饲草的含硒量低于 0.05 毫克/千克。一般用亚硒酸钠制成预混剂补硒，也可以制成含 5%硒元素的硒丸，由口腔投入瘤胃、网胃，同时投入便于研磨矿物质的金属微粒等，硒丸在瘤、网胃内滞留，3 年内不断被磨掉表面包被的化学物质将硒元素缓慢释放出来，然后被吸收到血液内。在缺硒地区，给母羊注射 1%亚硒酸钠 1 毫升，羔羊出生后，注射 0.5 毫升亚硒酸钠也可预防白肌病。

以羊日粮干物质计算，含硒量超过 4 毫克/千克时，即引起硒中毒。过量引起硒中毒大多数情况下是慢性积累的结果，羊长期采食含硒量超过 4 毫克/千克的牧草，将严重危害肉羊的健康。羊硒中毒会出现脱毛、蹄溃烂、繁殖力下降等症状。

11. 钼　钼是动物体内黄嘌呤氧化酶及硝酸还原酶的组成成

分，是反刍动物消化道微生物的生长因子。常用肉羊饲料中钼的含量可满足需要，不必额外补钼。羊对钼的最大耐受量为6毫克/千克。钼中毒症较常见，有区域性特征，表现为腹泻和丧失食欲。

12. 碘 碘是构成甲状腺的成分，主要参与体内物质代谢过程。

碘缺乏表现有明显的地域性，我国新疆南部、陕南西部和山西东南部等部分地区缺碘，其土壤、牧草和饮水中的碘含量较低。缺碘时表现为甲状腺肿大，生长缓慢，繁殖性能降低；新生羔羊衰弱、无毛；成年羊新陈代谢减弱，皮肤干燥，身体消瘦。成年羊血清中含碘量为3～4毫克/100毫升，低于此数值是缺碘的标志。在缺碘地区，给羊舔食含碘食盐可有效预防缺碘，即食盐中加入0.01%碘化钾，每只羊每日啖盐8～10克。

矿物质营养的吸收、代谢以及在体内的作用很复杂，元素之间存在协同和拮抗作用，因此某些元素的缺乏或过量可导致另一些元素的缺乏或过量。此外，各种饲料原料中矿物质元素的有效性差别很大，目前大多数矿物质元素的确切需要量还不清楚，各种资料推荐的数据也很不一致，在实践中应结合当地饲料资源的特点及羊的生产表现适当调整。

（五）维生素

维生素是肉羊生长发育、繁殖后代和维持生命所必需的重要营养物质，主要以辅酶和催化剂的形式广泛参与体内的生化反应。维生素缺乏可引起机体代谢紊乱，影响动物健康和生产性能。

维生素可分为脂溶性和水溶性两大类。脂溶性维生素包括维生素A、维生素D、维生素E和维生素K；水溶性维生素包括B族维生素和维生素C。成年羊瘤胃微生物可以合成B族维生素（硫胺素、核黄素、烟酸、吡哆醇、生物素、叶酸和钴胺素）以及维生素K，在肝脏和肾脏中可以合成维生素C。4月龄以后断奶羊一般只需要添加维生素A、维生素D和维生素E即可。最近有资料认为，某些瘤胃微生物需要特定的B族维生素调节生长。饲喂尿素时，更应考虑维生素的平衡。

1. 维生素A　维生素A是构成视紫质的组分，对维持羊正常的视觉、促进细胞增殖、器官上皮细胞的正常活动、调节养分的代谢等有重要作用，是暗视觉所必需的物质。维生素A参与性激素的合成，与动物免疫、骨骼生长发育有关。维生素A仅存在于动物体内。植物性饲料中的胡萝卜素作为维生素A原，可在动物体内转化为维生素A。一般优质青干草和青绿饲料中含有丰富的胡萝卜素，而作物秸秆、饼粕中缺乏胡萝卜素。羔羊育肥需要量一般为1 500～2 000单位/千克。

维生素A缺乏时，羊采食量下降，生长停滞、消瘦、皮毛粗糙、无光泽，未成年羊出现夜盲症甚至完全失明；母羊发情期缩短或延迟，受胎率低，易流产或产死胎；公羊射精量少，精液品质下降。由于缺乏维生素A，羊鼻内排出很浓的黏液，并可能发生尿结石。

维生素A不易从机体内迅速排出，摄入过量可引起动物中毒，羊的中毒剂量一般为需要量的30倍。维生素A中毒症状一般是器官变性，生长缓慢，特异性症状为骨折、胚胎畸形、痉挛、麻痹，甚至死亡等。

2. 维生素D　维生素D可以促进小肠对钙和磷的吸收，维持血液中钙、磷的正常水平，有利于钙、磷沉积于牙齿与骨骼中，增加肾小管对磷的重吸收，减少尿磷排出，保证骨的正常钙化过程。

维生素D缺乏会影响钙、磷代谢，表现食欲不振，体质虚弱，发育缓慢。羔羊出现骨软症，成年羊骨质疏松、关节变形。维生素D可影响动物的免疫功能，缺乏时，动物的免疫力下降。

维生素D过多主要病理变化是软组织普遍钙化，长期摄入过量会干扰软骨的生长，出现厌食、失重等症状。维生素D的最大耐受量，连续饲喂超过需要量4～10倍以上，60天之后可出现中毒症状；短期使用时可耐受100倍的剂量。维生素D_3的毒性比

维生素 D_2 大 10～20 倍。

青绿饲料中麦角固醇含量高，经过阳光照射后可转化为维生素 D_2；羊表皮层的 7-脱氢胆固醇，经阳光照射能转化为维生素 D_3。羔羊育肥需要量一般为 500～700 单位/千克。

3. 维生素 E 维生素 E 是一种抗氧化剂，保护富于脂质的细胞膜不受破坏，维持细胞膜完整。维生素 E 不仅能增强羊的免疫能力，而且具有抗应激作用。在饲料中补充维生素 E 能提高羊肉贮藏期间的稳定性，延缓颜色的改变，减少异味，并且维生素 E 在加工后的产品中仍有活性，使产品的稳定性提高。

维生素 E 缺乏时，羔羊和生长期羊心肌和骨骼肌变性，运动障碍，难于站立甚至不能站立，后腿比前腿更严重；公羊睾丸发育不良，精液品质差；母羊受胎率低，流产或死胎，所产羔羊身体瘦弱、不能抬头吮乳，出生时即死亡或出生后不久夭折。我国北方，冬季枯草期长，在长期断青的情况下，母羊可能发生维生素 E 缺乏，羔羊易发生白肌病。育肥羔羊维生素 E 需要量一般为 20～25 单位/千克。

维生素 E 相对于维生素 A 和维生素 D 是无毒的。羊能耐受 100 倍于需要量的剂量。

植物能合成维生素 E，因此维生素 E 广泛分布于饲料中。谷物的胚中含有丰富的维生素 E，绿色饲料、叶和优质干草也是维生素 E 很好的来源，尤其是苜蓿中含量很丰富。青绿饲料（以干物质计）维生素 E 含量一般较谷类子实高出 10 倍之多。但在加工过程中易被氧化破坏，在饲料的加工和贮存中，维生素 E 损失较大，半年可损失 30%～50%。

4. B 族维生素 B 族维生素主要作为细胞的辅酶，催化碳水化合物、脂肪和蛋白质代谢反应。长期缺乏可引起代谢紊乱和体内酶活力降低。成年羊的瘤胃功能正常时，瘤胃微生物能合成足够其所需的 B 族维生素，一般不需补充。但由于羔羊瘤胃发育不完善，功能不全，不能合成足够的 B 族维生素，因此硫胺素、核黄素、吡哆醇、泛酸、生物素、烟酸和胆碱等是羔羊易缺乏的维生素，应在羔羊料中注意添加。

羊瘤胃微生物能合成尼克酸。但日粮中亮氨酸、精氨酸和甘氨酸过量，色氨酸不足，会增加羊对烟酸的需要。此外，如果饲料中含有腐败的脂肪或某些降低烟酸利用率的物质，也会增加羊对烟酸的需要。

维生素 B_{12} 在肉羊丙酸代谢中发挥着重要作用。肉羊缺乏维生素 B_{12} 常常由日粮中缺钴所致，缺钴则瘤胃微生物不能合成足量的维生素 B_{12}。

5. 维生素 K　主要作用是催化肝脏对凝血酶原和凝血活素的合成，通过凝血因子的作用使血液凝固。维生素 K 不足时，由于限制了凝血酶的合成而使血液凝固能力下降，从而引起出血。

青绿饲料中富含维生素 K_1，肉羊瘤胃中可合成大量维生素 K_2，一般不会缺乏。但由于饲料间的一些成分有拮抗作用，如草木樨和一些杂草中含有与维生素 K 化学结构相似的双香豆素，能妨碍维生素 K 的利用；霉变饲料中的真菌毒素有制约维生素 K 的作用，药物添加剂如抗生素和磺胺类药物能抑制胃肠道微生物合成维生素 K，出现这些情况时，需适当增加维生素 K 的喂量。

（六）水

从严格意义上说，水不属于营养物质，但它是一切生命活动不可缺少的物质。羊的一切生理活动都需要水的参与，如消化吸收、营养运输、体组织的构成、血液和体液的循环、器官的润滑、泌乳的维持、体温的调节、内分泌及繁殖活动等。羊体含水量占其体重的 55%～65%。一只饥饿的羊，可以失掉几乎全部脂肪、半数以上蛋白质和体重的 40%仍能生存。但失掉体重 1%～2%的水，即出现渴感、食欲减退；继续失水达体重的 8%～10%，则会引起代谢紊乱;失水达体重的20%,可致死。

育肥羊所需要的水来自饮水、饲料中的水分及代谢水,但主要靠饮水,羊代谢产生的水只能满足其需要量的5%~10%。羊对水的利用率很高。一般情况下,成年羊的需水量为采食干物质的2~3倍,但受机体代谢水平、生理阶段、环境温度、体重、生产方向以及饲料组成等诸多因素的影响。羊的生产水平高时需水量大;羊采食的矿物质、蛋白质、粗纤维较多时,需较多的饮水;一般气温高于30℃,饮水量明显增加;当气温低于10°C时,饮水量明显减少;气温在10℃,采食1千克干物质需供给2.1升的水;当气温升高到30℃以上时,采食1千克干物质需供给2.8~5.1升水。育肥羊饲养上必须供给足够的饮水,在羊舍和运动场内设置水槽,保持清洁饮水。炎热的夏季肉羊饮水温度不能超过40℃,水温过高会造成瘤胃微生物的死亡,影响瘤胃的正常功能;冬季饮水温度不能低于5℃,温度过低会抑制瘤胃微生物活动,且为维持正常体温肉羊必须消耗自身能量。

二、育肥羊的饲养标准

我国对羊的营养物质代谢规律研究与其他畜种相比,进展较慢,关于育肥羊饲养标准研究更少。设计育肥羊的饲料配方,首先要明确肉羊初始体重和预期日增重的营养需要量,营养需要量又称为饲养标准。根据羊只的体重和预期日增重,因地制宜地选择饲料原料配制育肥羊日粮才能很好地满足羊只的生长肥育需要,降低饲料成本。

配制羊育肥日粮可参考美国NRC肉羊饲养标准(2007),其中体重为20~80千克的生长育肥羊的营养需要见表5-1和表5-2,分别列出了晚熟品种和早熟品种育肥绵羊的每日营养需要量,包括日增重、干物质、代谢能、代谢蛋白质、钙和磷。

表 5-1 晚熟品种育肥绵羊每日营养需要量 （体重 20～80 千克）

体 重（千克）	日增重（克）	干物质（千克）	代谢能（兆焦）	代谢蛋白质（克）	钙（克/天）	磷（克/天）
20	100	0.57	4.56	51	2.3	1.5
20	150	0.78	6.28	70	3.1	2.2
20	200	0.59	5.94	78	3.7	2.5
20	300	0.61	7.28	104	5.1	3.5
30	200	1.05	8.45	92	4.1	2.9
30	250	0.76	7.61	98	4.5	3.2
30	300	0.88	8.79	114	5.3	3.8
30	400	1.12	11.17	146	6.9	5.0
40	250	1.32	10.59	115	5.0	3.7
40	300	1.54	12.30	134	5.9	4.4
40	400	1.16	11.63	150	7.0	5.1
40	500	1.40	14.02	182	8.6	6.3
50	250	1.38	11.05	119	5.1	3.8
50	300	1.59	12.76	137	6.0	4.5
50	400	1.21	12.09	153	7.0	5.1
50	500	1.45	14.52	186	8.6	6.3
50	600	1.69	16.90	219	10.2	7.6
60	250	1.43	11.46	122	5.1	3.8
60	300	1.65	13.18	141	6.0	4.5
60	400	2.08	16.65	179	7.8	5.9
60	500	1.49	14.94	190	8.7	6.4
60	600	1.74	17.36	222	10.3	7.6

续表 5-1

体　重（千克）	日增重（克）	干物质（千克）	代谢能（兆焦）	代谢蛋白质（克）	钙（克/天）	磷（克/天）
70	150	1.04	8.37	88	3.4	2.4
70	200	1.26	10.13	107	4.3	3.1
70	300	1.70	13.60	145	6.1	4.6
70	400	2.14	17.07	183	7.9	6.0
70	500	2.57	20.59	220	9.6	7.4
80	150	1.09	8.70	92	3.4	2.5
80	200	1.31	10.46	111	4.3	3.2
80	300	1.75	13.97	149	6.1	4.6
80	400	2.19	17.53	186	7.9	6.0
80	500	2.63	21.05	224	9.7	7.5

*注：若饲料成分表中未列出代谢蛋白质数据，可以参考以下公式进行换算：代谢蛋白质=（粗蛋白质×0.9－3）×0.7

表 5-2　早熟品种育肥绵羊每日营养需要量　（体重 20～80 千克）

体　重（千克）	日增重（克）	干物质（千克）	代谢能（兆焦）	代谢蛋白质（克）	钙（克/天）	磷（克/天）
20	100	0.63	6.32	47	2.1	1.5
20	150	0.65	7.82	57	2.6	2.0
20	200	0.83	10.00	71	3.4	2.7
20	300	1.20	14.39	100	4.9	4.0
30	200	1.20	11.97	84	3.7	3.0
30	250	1.06	12.72	89	4.2	3.4
30	300	1.25	14.94	104	4.9	4.0

续表 5-2

体　重（千克）	日增重（克）	干物质（千克）	代谢能（兆焦）	代谢蛋白质（克）	钙（克/天）	磷（克/天）
30	400	1.62	19.37	133	6.4	5.4
40	250	1.50	15.06	104	4.6	3.8
40	300	1.29	15.44	108	5.0	4.1
40	400	1.66	19.92	137	6.4	5.4
40	500	2.03	24.39	166	7.9	6.7
50	250	1.55	15.52	108	4.6	3.8
50	300	1.81	18.16	125	5.4	4.6
50	400	1.70	20.42	141	6.5	5.4
50	500	2.08	24.94	170	8.0	6.8
50	600	2.45	29.46	199	9.5	8.1
60	250	1.60	15.98	112	4.7	3.9
60	300	1.86	18.62	129	5.5	4.6
60	400	2.39	23.89	163	7.1	6.1
60	500	2.12	25.44	174	8.0	6.8
60	600	2.50	30.00	203	9.5	8.1
70	150	1.81	14.48	102	3.7	3.1
70	200	2.28	18.28	125	4.7	4.1
70	300	1.91	19.04	133	5.5	4.7
70	400	2.44	24.35	167	7.1	6.1
70	500	2.16	25.94	178	8.0	6.8
80	150	1.86	14.90	106	3.8	3.2
80	200	2.34	18.70	129	4.8	4.1

续表 5-2

体重（千克）	日增重（克）	干物质（千克）	代谢能（兆焦）	代谢蛋白质（克）	钙（克/天）	磷（克/天）
80	300	1.95	19.50	136	5.6	4.7
80	400	2.48	24.85	170	7.2	6.2
80	500	3.02	30.17	204	8.8	7.7

也可参考我国肉羊饲养标准 NY/T 816—2004。

由于羊的营养需要量大都是在实验室条件下通过大量试验，并用一定数学方法（如析因法等）得到的估计值，一定程度上也受实验手段和方法的影响，加之羊的饲料组成及生存环境差异性很大，因此在实际使用中应做一定的调整，不能生搬硬套。

三、羔羊舍饲育肥日粮配制

（一）日粮配合的原则

育肥羊的日粮，指一只羊一昼夜所采食的各种饲料的总量，是根据饲养标准和饲料营养价值配制的完全满足育肥羊在维持需要、生长和育肥等需要的全价日粮，对降低育肥饲料成本、提高育肥效果非常重要。根据肉羊营养需要和消化生理，育肥羊日粮配合原则如下：

第一，根据肉羊品种、体重选择合适的饲养标准。羊是反刍家畜，能消化较多的粗纤维，在配合日粮时应根据这一生理特点，以青、粗饲料为主，适当搭配精饲料。对早期断奶育肥羔羊应适当降低粗饲料比例，提高精饲料比例。补充日粮中蛋白质不足，应首先考虑饼粕类饲料。为了防治尿结石，在以谷类饲料和棉籽饼为主的日粮中，可将钙含量提高到 0.5%或加 0.25%的氯化铵，避免日粮中钙磷比例失调。

第二，注意原料质量。羔羊育肥要选用易消化的优质干草、青贮饲料、多汁饲料，严禁饲喂有毒、霉烂的饲料。饲料要求干净卫生，适口性好。注意各类饲料的用量范围，防止含有害因子饲料的含量超标。

第三，因地制宜，多品种搭配。充分利用当地饲料资源，特别是廉价的农副产品，以降低饲料成本；同时，要多品种搭配，既提高适口性又能达到营养互补的效果。能量饲料是决定日粮成本的主要因素，应以就地生产、就地取材为原则，先计算粗饲料能满足的日粮能量浓度，不足部分以精饲料补充，以降低饲料成本。

第四，日粮体积要适当。日粮体积过大，羊吃不进去；体积过小，既难以满足营养需要，又没有饱腹感。育肥羊日粮饲喂量可高出饲养标准1%～2%，不可过高，以免浪费。饲料的采食量大致为10千克体重0.3～0.5千克青干草或1～1.5千克青草。

第五，日粮要相对稳定。日粮的改变会影响瘤胃微生物的组成及活动。突然变换日粮组成，瘤胃微生物不能马上适应各种变化，会影响瘤胃发酵、降低各种营养物质的消化吸收，甚至会引起消化系统疾病。育肥全期应保证不断料，不轻易变更饲料。对常规饲料应查阅饲料营养价值表，并定期做常规养分检测；对特殊饲料应委托有关单位取样，进行营养价值分析，使日粮营养成分更接近实际生产。

育肥羔羊每日每只各类饲料需要量可参考表5-3。

表5-3　育肥羔羊每只每日饲料需要量　（千克）

饲料种类	育肥羔羊
干　草	0.5～1.0
玉米青贮饲料	1.8～2.7
谷类饲料	0.45～1.4

（二）日粮配制的方法

日粮是指一只羊一昼夜采食的各种饲料的总和，但在实际生产中并不是按一只羊一天所需来配合日粮，而是针对一群羊需要的各种饲料，按一定比例配成一批混合饲料来饲喂。一般组成日粮的饲料种类多、营养指标多，需综合考虑环境因素和价格因素，因此日粮配方的计算过程复杂，有时甚至难以用手算完成。在现代畜牧生产中，借助计算机，通过线性规划原理，可方便快捷地求出营养全价且成本低廉的最优日粮配方。

下面以手算方法说明饲料配方的基本方法。手算常用试差法，试差法具体步骤如下：

第一步，确定育肥羊的饲养标准。根据羊群的平均体重、生理状况等，选择适合的饲养标准查出营养需要量。可参照 NRC 标准或我国的饲养标准 NY/T 816—2004，并根据本地区具体情况进行适当调整。

第二步，确定所选饲料原料的营养成分。查询选用饲料原料的营养价值，实测饲料原料营养成分更准确。

第三步：确定粗饲料的饲喂量。根据当地粗饲料的来源、品质及价格，最大限度地利用粗饲料。一般育肥羔羊的日粮精粗比为 6∶4，可以按照此比例确定粗饲料用量，其中青绿饲料和青贮饲料可按 3 千克折合 1 千克青干草和干秸秆计算。计算粗饲料满足的各种营养成分。

第四步：确定精料补充料的配方。粗饲料可提供的营养成分与饲养标准比较，剩余养分即是精料补充料营养含量。据此将精饲料原料进行调整搭配，制定精确补充料配方。

第五步：确定日粮配方。计算粗饲料和精饲料所提供养分总和，调整矿物质（主要是钙和磷）和食盐含量。钙、磷含量用适合的矿物质饲料调整，食盐另外添加。最后所有饲料原料提供的养

分之和与饲养标准基本一致。实际提供量与需要量相差在±5%范围内，说明配方合理。

（三）手工计算设计饲料配方示例

一羊场现对一批4月龄、活重30千克的早熟品种羔羊进行育肥，计划日增重300克，羊场现有苜蓿干草（初花期收割）、羊草、玉米和豆粕4种饲料，配制育肥日粮。步骤如下：

1. 确定饲养标准 参照NRC（2007）肉羊饲养标准，30千克体重、日增重为300克，早熟品种羔羊的营养需要量为每天每只干物质1.25千克，代谢能14.92兆焦，代谢蛋白质104克，钙4.9克，磷4.0克。

2. 确定饲料营养成分 从饲料营养价值表查找现有3种饲料的营养成分，列出常用参数于表5-4。

表5-4 3种饲料的营养成分

项目	干物质（%）	代谢能（兆焦/千克）	代谢蛋白质（%）	钙（%）	磷（%）
苜蓿干草	90	8.78	13.30	1.41	0.26
羊草	88	8.78	7.00	0.60	0.21
玉米	88	13.38	6.30	0.02	0.30
豆粕	91	12.54	34.30	0.38	0.71

3. 根据日粮精粗比计算粗饲料采食量 一般羔羊日粮的精粗比为6∶4，即粗饲料干物质为1.25×0.4＝0.50（千克），设苜蓿干草和羊草的配比各占50%，由此计算出粗饲料提供的营养成分含量，见表5-5。

表 5-5　粗饲料提供的营养成分含量

粗饲料	干物质（千克）	代谢能（兆焦）	代谢蛋白质（克）	钙（克）	磷（克）
苜蓿干草	0.25	2.20	33.25	3.53	0.65
羊　草	0.25	2.20	17.50	1.50	0.53
合　计	0.50	4.40	50.75	5.03	1.18
与标准比较	－0.75	－10.52	－53.25	＋0.13	－2.82

4. 精料补充料配方　粗饲料提供的营养与饲养标准比较相差的部分，由精料满足。现有玉米和豆粕 2 种精饲料，合理配比以补充缺乏的代谢能和代谢蛋白质。根据经验，设玉米和豆粕的配比为 70％和 30％。精饲料选用与配合见表 5-6。

表 5-6　精料补充料可提供的营养成分

精饲料	干物质（千克）	代谢能（兆焦）	代谢蛋白质（克）	钙（克）	磷（克）
玉　米	0.53	7.09	33.39	0.11	1.59
豆　粕	0.22	2.76	75.46	0.84	1.56
合　计	0.75	9.85	108.85	0.95	3.15

5. 日粮试配　计算粗饲料和精饲料所含营养成分总和，与饲养标准比较。日粮试配结果见表 5-7。

表 5-7　日粮试配结果

饲　料	干物质（千克）	代谢能（兆焦）	代谢蛋白质（克）	钙（克）	磷（克）
粗饲料	0.50	4.40	50.75	5.03	1.18
精饲料	0.75	9.85	108.85	0.95	3.15

续表 5-7

饲　料	干物质（千克）	代谢能（兆焦）	代谢蛋白质（克）	钙（克）	磷（克）
合　计	1.25	14.25	159.60	5.98	4.33
与标准比较	0	－0.67	＋55.60	＋1.08	＋0.33

6. 微调日粮配方　由表 5-7 看出，上述饲料所组成的日粮能满足育肥羔羊对代谢蛋白质、钙和磷的需要，但是代谢能较低。由于代谢蛋白质超出较多，可以减少豆粕比例，增加玉米比例。经调整后的日粮能满足肥育羔羊对代谢能、代谢蛋白质、钙和磷的需要，调整后的结果见表 5-8 和表 5-9。

表 5-8　精饲料调整配比

精饲料	干物质（千克）	代谢能（兆焦）	代谢蛋白质（克）	钙（克）	磷（克）
玉　米	0.69	9.23	43.47	0.14	2.07
豆　粕	0.11	1.38	37.73	0.42	0.78
合　计	0.80	10.61	81.20	0.56	2.85

表 5-9　日粮调整结果

饲　料	干物质（千克）	代谢能（兆焦）	代谢蛋白质（克）	钙（克）	磷（克）
粗饲料	0.50	4.40	50.75	5.03	1.18
精饲料	0.80	10.60	81.20	0.56	2.85
合　计	1.30	15.00	131.95	5.59	4.03
与标准比较	＋0.05	＋0.08	＋27.95	＋0.69	＋0.03

7. 总结　活重 30 千克、日增重 300 克的育肥羔羊日粮组成

见表5-10。由于配方是在干物质基础上设计，而在实际饲喂时，应将各种饲料干物质饲喂量换算成饲喂状态时的风干物质饲喂量(干物质喂量/干物质含量)。另外，根据当地的实际情况，可有针对性地添加一些矿物质微量元素、维生素和生长剂。

表5-10　育肥羔羊的日粮组成

饲　料	苜蓿干草	羊　草	玉　米	豆　粕
干物质喂量(千克)	0.25	0.25	0.69	0.11
风干物质喂量(千克)	0.28	0.28	0.78	0.12

四、舍饲育肥羔羊的典型精饲料配方

育肥前期，每只每天供给精饲料0.5～0.6千克。配方为：玉米49%，麸皮20%，棉籽粕或菜籽粕30%，石粉1%，羊用预混料20克，食盐5～10克。

育肥中期，每只每天供给精饲料0.7～0.8千克。配方为：玉米55%，麸皮20%，棉籽粕或菜籽粕24%，石粉1%，羊用预混料20克，食盐5～10克。

育肥后期，每只每天供给精饲料0.9～1.0千克。配方为：玉米65%，麸皮14%，棉籽粕或菜籽粕20%，石粉1%，羊用预混料20克，食盐10克。

第六章
提高羔羊断奶成活率措施

一、繁殖母羊的饲养

母羊是羊群发展的基础。对繁殖母羊,要求常年保持良好的饲养管理条件,以完成配种、妊娠、哺乳和提高生产性能等任务。繁殖母羊的饲养管理,可分为空怀期、妊娠期和哺乳期三个阶段。

(一)空怀期

空怀期主要任务是恢复母羊体况。羊的配种繁殖因地区及气候条件的不同而有很大的差异,因而各地产羔季节安排的不同。母羊的空怀期长短各异,如在年产羔一次的情况下,母羊的空怀期一般为5～7月,在两年三产时空怀期仅为1个月左右,在一年两产时则没有空怀期。

为保持母羊良好的配种体况,应尽可能做到全年均衡饲养,尤其应搞好配种前母羊的补饲,使母羊发情整齐,多排卵。一般在养羊生产中,配种前1个月要进行短期优饲,提高日粮能量水平,可以使母羊发情整齐,增加排卵数,提高产羔率。

（二）妊娠期

1. 妊娠前期 母羊受胎后的前3个月内，胎儿发育较慢，所增重量仅占羔羊初生重的10%，对能量、粗蛋白质的要求与空怀期相似，略高于空怀母羊即可，但应补喂一定的优质蛋白质饲料，以满足胎儿生长发育和组织器官分化对营养物质（尤其是蛋白质）的需要。妊娠前期的母羊在管理上要以保胎、防流产为主。

2. 妊娠后期 妊娠后期胎儿生长发育快，所增重量占羔羊初生重的90%。妊娠后期的营养水平与羔羊的初生重和母羊的泌乳力有密切关系。妊娠后期胎儿的增重明显加快，母羊自身也需贮备大量的养分，为产后泌乳做准备。妊娠后期母羊腹腔容积有限，对饲料干物质的采食量相对减小。因此，要搞好妊娠后期母羊的饲养，除提高日粮的营养水平外，还必须考虑组成日粮的饲料种类，增加精料的比例。

妊娠后期母羊的管理要细心、周到，在进出圈舍及放牧时，要控制羊群，避免拥挤或急驱猛赶；补饲、饮水时要防止拥挤和滑倒，否则易造成流产。除遇暴风雪天气外，还应增加母羊户外活动的时间。产前1周左右，夜间应将母羊放于待产圈中饲养和护理。

（三）哺乳期

1. 哺乳前期 羔羊出生后一段时期内，其主要食物是母乳，因此，母羊泌乳量越多，羔羊的生长越快，发育越好，抗病力越强，成活率就越高。母羊产羔后泌乳量逐渐上升，在4～5周达到泌乳高峰，8周后逐渐下降。随着泌乳量的增加，母羊需要的养分也增加，如所提供的饲料养分不能满足其需要时，母羊会动用体内贮备的养分来弥补。泌乳性能好的母羊往往比较瘦弱，这是一个重要原因。因此，应根据带羔的多少和泌乳量的高低，搞好母羊补饲。同时，给母羊饲喂一些优质青干草、青绿多汁饲料和煮熟的黄豆等。

2. 哺乳后期　哺乳后期母羊的泌乳量下降，即使加强母羊的补饲，也不能继续维持其高的泌乳量，单靠母乳已不能满足羔羊的营养需要。此时羔羊已可采食一定量饲料，对母乳的依赖程度减小。羔羊要做到早期补饲、早期断奶，母羊尽早进入下一个繁殖期。

二、初生羔羊护理

初生羔羊体质较弱，适应能力低，抵抗力差，是发病率、死亡率最高的阶段。生产中要加强羔羊护理，保证成活率及羔羊健壮。

（一）吃好初乳

初乳含丰富的营养物质，容易消化吸收，还含有较多的抗体，能抑制消化道内病菌繁殖。初生羔羊如吃不足初乳，其抗病力降低，胎粪排出困难，易发病，甚至死亡。羔羊出生后，一般十几分钟即能站起，寻找母羊乳头。第一次哺乳应由接产人员辅助，使羔羊尽早吃到初乳。如果一胎多羔，不能让第一个羔羊把初乳吃净，要使每个羔羊都能吃到初乳。初乳不足时，羔羊需要寄养。

（二）羔舍保温

羔羊体温调节功能不完善，羊舍温度过低，会使羔羊体内能量消耗过多，体温下降，影响其正常发育。冬季，羔舍温度要保持在5℃以上。注意出生后3～7天，不要把羔羊和母羊牵到舍外有风的地方。7日龄后母羊可到舍外放牧或食草，但不要走得太远。千万不要让羔羊随母羊去舍外。

（三）代乳或人工哺乳

一胎多羔、产羔后母羊死亡或因母羊乳房疾病无奶等原因引起的羔羊缺奶，应及时采取代乳和人工哺乳措施。

在饲养高产羊品种如小尾寒羊时，经产成年母羊一胎产 3～5 只羔不足为奇。所以，在发展小尾寒羊等高产羊的同时，应饲养一些奶山羊作为代乳母羊。当产羔多时，要人工护理使初生羔及时吃到初乳，7 天以后留下 2 只羔羊随母哺乳，其余羔羊移到代乳母羊圈内。人工辅助哺乳时一些母羊不肯让羔羊接近，需要控制母羊强制哺乳，每次羔羊吃完奶后，挤出一些山羊奶抹到羔羊身上，经 7～10 天奶山羊不再拒绝为羔羊哺乳，再过一段时间即可放回大群。

产后羔羊死亡或同期产羔的单产母羊做保姆羊。因羊的嗅觉很灵敏，需要采用强制法或洗涤法让保姆羊认养羔羊。强制法即是在羔羊的头顶、耳根、尾部涂上保姆羊的胎液、乳汁，与保姆羊单独饲喂 3～7 天，直到认羔为止，此法适用于 5～10 日龄羔羊的代乳。洗涤法是将准备代乳的羔羊放在 40℃左右的温水中，用肥皂洗掉原有气味，擦干后涂以保姆羊的胎液，待稍干后交给保姆羊即可顺利代乳。产前需预测临产母羊可能生产的羔羊数，及时收集单羔多奶母羊的胎液，装入塑料袋备用。

人工哺乳的奶源包括牛奶、羊奶、代乳品和全脂奶粉。应定时、定量、定温、定次哺乳。一般 7 日龄内每天 5～9 次，8～12 日龄，每天 4～7 次，以后每天 3 次。人工哺乳在羔羊少时用奶瓶，多时用哺乳器，一次可供 8 只羔羊同时吮乳。使用牛奶、羊奶应先煮沸消毒。10 日龄以内的羔羊不宜补喂牛奶。若使用代乳品或全脂奶粉，宜先用少量羔羊初试，证实无腹泻、消化不良等异常表现后再大面积使用。

（四）疫病防治

羔羊出生后1周，容易患痢疾，应采取综合措施防治。在羔羊出生后12小时内，可喂服土霉素，每只每次0.15～0.2克，每天1次，连喂3天。对羔羊要经常观察，及时发现异常，及时治疗。一旦发现羔羊患病，要立刻隔离治疗。病羊舍粪便、垫草应及时清除，集中焚烧。被污染的环境及土壤、用具等要用3%～5%来苏儿喷雾消毒。

三、羔羊的培育

（一）羔羊断奶前消化生理特点

初生羔羊，前3胃的作用很小，此时瘤胃微生物区系尚未形成，没有消化粗纤维的能力，不能采食和利用草料。

对淀粉的耐受量很低，小肠液中淀粉酶活性低，因而消化淀粉的能力有限。

起主要消化作用的是皱胃，羔羊所吮母乳顺食管沟进入皱胃，由皱胃分泌的凝乳酶进行消化。

随日龄增长和采食植物性饲料的增加，羔羊前3胃的体积逐渐增大，约在20日龄开始出现反刍活动；此后皱胃凝乳酶的分泌逐渐减少，其他消化酶分泌逐渐增多，对草料的消化分解能力开始加强，瘤胃的发育及其功能逐渐完善。此时瘤胃的容积显著增加，前3胃约占皱胃总容积的70%。这时应充分供给优质植物性饲料，促使羔羊的消化器官发育。

（二）羔羊断奶前的培育技术

1. 加强母羊饲养，促进泌乳量 俗话说"母壮儿肥"。只要母羊的营养状况较好，能保证胚胎的充分发育，羔羊初生重大、活力强；母羊的乳汁多，恋羔性强，羔羊成活率高。对妊娠母羊，要根据膘情、年龄、预产期，对羊群做个别调整。放牧羊群，对那些体况差的母羊要安排在草好、水足、有防暑、防寒设备的牧地，放牧时间尽量延长，吃草时间每天不少于 8 小时。对个别瘦弱的母羊早晚要加草添料或者留圈饲养，使妊娠母羊群的膘情大体趋于一致，便于产羔管理，而且羔羊健壮、整齐。对舍饲母羊群要备足草料，夏季羊舍应有防暑降温及通风设施，冬季利于保暖。另外，设有运动场所供母羊及羔羊活动。

2. 做好羔羊的补饲 一般羔羊出生后 15 天左右开始训练吃草、吃料。这时，羔羊瘤胃微生物区系尚未形成，不能大量利用粗饲料，所以强调补饲优质蛋白质饲料和纤维含量低、干净脆嫩的干草。把草捆成草把，挂在羊圈的栏杆上，让羔羊玩食。精料要磨碎，必要时炒香并混合适量的食盐，提高羔羊食欲。为了避免母羊抢吃，设补料栏。一般 15 日龄的羔羊每天补饲混合精料 50～75 克，1～2 月龄 100 克，2～3 月龄 200 克，3～4 月龄 250 克，整个哺乳期(4 个月)每只羔羊需补精料量 10～15 千克。混合精料以黑豆、黄豆、豆饼、玉米等为好，干草以苜蓿干草、青野干草、青莜麦干草、花生蔓、甘薯蔓、豆秸、树叶等为宜。多汁饲料切成丝状，与精料混喂。羔羊补饲应该先喂精料，后喂粗料，要定时、定量喂给，不能零吃碎叼，否则不易上膘。

3. 人工喂养 人工喂养就是用牛奶、羊奶、奶粉或其他流动液体食物喂养缺奶的羔羊。用牛奶、羊奶喂羊，应尽量用新鲜奶。鲜奶味道及营养成分较好，病菌及杂质也较少。用奶粉喂羔羊时先用少量温开水把奶粉溶开，然后再加 50℃热水，使总加水量达到奶粉量的 5～7 倍。羔羊越小，胃越小，奶粉兑水的量也应该越少。有条件的羊场可添加植物油、鱼肝油、胡萝卜汁及多种维生素、多种微量元素、蛋白质等。其他流动液体食物包括豆浆、小米

米汤、自制粮食、代乳粉或市售婴幼儿米粉，这些食物在饲喂以前应加少量的食盐，滴加鱼肝油、胡萝卜汁和蛋黄等。

人工喂养的关键是定人、定时、定温、定量和保证卫生。

定人：指由专人喂养。这样可以熟悉羔羊的生活习性，掌握吃饱程度，喂奶温度、喂量以及在食欲上的变化，健康与否等。

定温：指人工乳温度要稳定。一般冬季喂 1 月龄内的羔羊，应把奶晾到 35℃～41℃，夏季温度可略低。随着羔羊日龄的增长，奶温可以降低些。没有温度计时，可以把奶瓶贴在脸上或眼皮上，感到不烫也不凉时适宜。温度过高，不仅伤害羔羊食管上皮组织，而且容易发生便秘；温度过低，往往容易发生消化不良、腹泻或胀气等。

定量：指每次哺喂量掌握在七成饱的程度，切忌喂得过饱。哺喂量按羔羊体重或体格来定，全天哺喂量相当于初生重的 1/5 为宜。喂给粥或汤时，应根据浓稠度进行定量，全天哺喂量应略低于喂奶量标准，特别是最初喂粥的 2～3 天，先少给，待慢慢适应后再加量。羔羊健康、食欲良好时，每隔 7～8 天增加 1/4～1/3；如果消化不良，应减少喂量，加大饮水量，并采取一些治疗措施。

定时：指哺喂时间固定，尽可能不变动。初生羔羊每天哺喂 6 次，每隔 3～5 小时喂 1 次。10 日龄后每天喂 4～5 次，羔羊开始吃草吃料时，可减少到 3～4 次。

保证饲喂卫生：羔羊的胃肠功能不健全，抗病力差，容易“病从口入”，所以哺喂人员在操作前应洗净双手，平时不要接触病羊，出现病羔应及时隔离，由单人分管。羔羊用奶类、豆浆、面粥、水源、草料等都应清洁卫生。奶类在哺喂前加热到 62℃～64℃、30 分钟，或 80℃～85℃瞬间，可以杀死大部分病菌；粥类、米汤等在哺喂前必须煮沸。奶瓶应健康羔与病羔分开用，哺喂后立即用温水冲洗干净；如果有奶垢，可用温碱水或洗洁灵等冲洗，或用瓶刷刷洗，然后用净布或塑料布盖好。病羔的奶瓶用完后可选用高锰酸钾、来苏儿、新洁尔灭等溶液消毒,再用温水冲洗干净。

4. 断奶 发育正常的羔羊,2月龄左右即可断奶。断奶方法有一次性断奶和分批断奶两种。一次性断奶是当羔羊达到一定月龄或体况后将母仔断然分开,把母羊移走,羔羊留在原圈继续饲养,保持原来的饲养方式和环境,减少应激。断奶后,羔羊根据性别、强弱、体格等,加强饲养,减少因断奶影响羔羊的生长发育。分批断奶是根据断奶羔羊生长发育和体质强弱的不同而分批分期断奶的方法,手段温和,断奶应激小。断奶后羔羊单独组群育肥。

第七章
羔羊育肥技术

一、影响羔羊育肥效果的因素

（一）品　种

肉羊品种不同，增重的遗传潜力也不同。如国外某些专门肉羊品种日增重可达300克以上，而我国普通绵、山羊品种仅为200克左右。由于我国目前尚无专门化的肉羊品种，大多数地方绵、山羊品种生长发育慢、体型小、产肉性能差，育肥效果不理想。为提高我国肉羊的育肥效益，必须利用国外优秀肉用羊品种，如德克赛尔、萨福克、道赛特、杜泊、德国美利奴、夏洛莱、波尔山羊等，对当地品种羊进行杂交改良。

（二）合理的饲料营养

羔羊育肥过程中营养水平高，增重快，育肥效果好；而营养水平低时，增重慢，育肥效果差。应根据羊不同生理阶段和育肥期给予不同的饲料，以提高增重，降低饲料成本。

（三）年　龄

羊年龄越小，生长强度越大，而且增重以肌肉和骨骼生长为主，饲料转化率高，育肥效果好。羔羊育肥是利用早期断奶（2月龄左右）羔羊，快速育肥 2～3 个月出栏，生产肥羔肉。肥羔肉已成为我国各大酒店、宾馆的高档肉品，价格不菲。

（四）日粮类型

羔羊育肥常采用的日粮类型为全混合日粮或颗粒饲料，这两种日粮类型有利于饲料营养物质的消化利用。不易进行精饲料和粗饲料单独饲喂，否则会影响饲料的利用效率。

（五）性　别

在正常饲养条件下，公羊的生长速度比母羊快，相同年龄的公羊比母羊重 10%～50%。这是因为公羊的雄性激素有促进生长的作用，而母羊的雌激素有抑制生长的作用。但有时公羊性成熟后，会因相互追逐、爬跨而消耗体力，影响育肥效果，公羊肉品质风格也不如母羊。公羔去势后会引起生长速度降低，肌肉变得疏松，沉积脂肪的能力增强，因而使体型变得丰满，肉质得到改善。因此，羔羊育肥应在公羊性成熟前出栏，可不去势，而青年羊和成年羊育肥需要去势。

（六）季　节

羔羊最适宜育肥季节为春、秋、季。春、秋季温度适宜，有利于增重。据试验，在露天饲养条件下，春、秋季增重比冬季高 14%，比夏季高 8%。研究表明，羊适宜的育肥温度为 26℃左右。很多地方为了减少冬季掉膘，采用塑料暖棚育肥羔羊，效果很好。

二、育肥前的准备

（一）育肥羊舍的准备

育肥羊舍应选在通风、排水、采光条件好、背风向阳和接近牧地及饲料仓库的地方。农户育肥若因地制宜、因陋就简，可减少投资。育肥舍能便于卫生、防疫、防寒、遮风挡雨即可，并且要有充足的草架、补料槽和饮水槽。育肥前必须对羊舍进行彻底的清扫和消毒。

整个羊舍可用2%～4%氢氧化钠消毒或用1∶1 800～3 000的百毒杀消毒。也可用二氯异氰脲酸钠、10%～20%石灰乳、10%漂白粉、3%来苏儿、5%热草木灰或1%石炭酸水溶液。

（二）饲草饲料的准备

饲草饲料是育肥的基础。按育肥生产方案，贮备充足的草料，避免由于草料准备不足经常更换育肥草料而影响育肥效果。舍饲育肥时，整个育肥期每羊每天需要青干草1千克左右或青贮饲料2千克左右，精饲料每羊每天0.5～1.0千克。放牧加补饲育肥时，每天补饲精饲料0.3～0.5千克。

（三）育肥羊的准备

1. 育肥羊的选择及运输　一般来说，用于育肥的羊应选用刚断奶的羔羊。目前，羔羊育肥多为异地育肥，即将断奶羔羊由原生产地集中调运到育肥场进行育肥。羔羊断奶离开母羊和原有的生活环境，转移到新的环境和饲料条件时，势必产生较大的应激反应。为减轻应激，在转群和运输前应先集中起来，暂停供水供草，空腹1夜，第二天早晨启运。运输时间要短，尽量减少颠簸。进入育肥场后的第一、第二周是关键时期，伤亡损失最大。育肥羊进入羊舍后，应减少对羊群的惊扰，让其充分休息，保证饮水。

为防止应激，可在运输前后 2 天适当添加抗应激药物于饮水或饲料中，如氯丙嗪、盐酸地巴唑、维生素 C 等。

2. 防疫工作 羔羊育肥前应根据具体情况进行驱虫、药浴、免疫注射等防疫工作，以确保整个育肥工作的顺利进行。

3. 分群 肉羊育肥生产分为羔羊肉生产和大羊肉生产两大类。如果品种性能差别较大，还应按品种分群，细化管理，有利于提高效益。将收购的羊按年龄分群，4 月龄之前的羊用于羔羊育肥，4 月龄之后的羊用于大羊肉生产，实施不同的育肥方案。不同生产群还应按性别、体重细化分群。

（四）制订育肥方案

当育肥羊来源不同，体况、大小相差大时，应采取不同方案区别对待。不同品种、不同生产用途的羊，如毛用羊、肉用羊和粗毛羊，其增重速度、育肥方案应有所不同。对羔羊进行育肥，一般细毛及其杂种羔羊在 7～8 月龄结束，半细毛羊及其杂种羔羊 6～7 月龄结束，肉用及其杂种羔羊 5～6 月龄结束。

（五）选择合适的饲养标准和育肥日粮

根据育肥羊的品种、体重及体况、饲养条件等，选择适合的肉羊生长育肥饲养标准配制日粮。育肥全期应保证不轻易变更日粮配方。对所用原料应查阅有关资料或进行营养价值分析，为日粮配制提供依据。

三、羔羊育肥关键技术

（一）利用肉用品种或杂交品种

若想获得育肥高效益，生产出优质羊肉，必须利用专用肉用品种。优秀肉用绵、山羊品种的共同特点是早熟、生长快、饲料报酬高、繁殖力强、胴体品质好、产肉量多。我国各地都有适合本地自然条件、抗逆性强、耐粗饲的优良地方品种。但地方品种往往存在生长速度慢、生产性能低的缺点。因此，利用引入良种杂交地方品种，既利用了杂种优势，又保存了当地品种的优良特性。杂交一代育肥羊有良好的增重潜力，饲料报酬高。

（二）羔羊早期断奶

羔羊早期生长速度快，增重是以肌肉和骨骼生长为主，要充分利用羔羊幼龄期生长快、饲料报酬较高的生物特性使羔羊早期断奶育肥。早期断奶，实质上是控制哺乳期，缩短母羊产羔期间隔和控制繁殖周期，达到一年两胎或两年三胎。关于羔羊早期断奶的时间，目前尚无统一规定。但一般采用两种方式：一是出生后 1 周断奶，然后用代乳品进行人工育羔。二是出生后 7 周左右断奶，断奶后就可以全部饲喂植物性饲料或放牧。早期断奶必须让羔羊吃到初乳后再断奶，否则会影响羔羊的健康和生长发育。如果哺乳时间过长，训练羔羊吃代乳品就困难，而且不利于母羊干奶，也易患乳房炎。从母羊产后泌乳规律来看，到羔羊 7～8 周龄，母乳已远远不能满足其营养需要，而且这时形成乳汁的饲料消耗也大增，经济上很不合算。从羔羊胃肠功能发育来看，7～8 周龄时，已可有效地利用饲草料，因而这时断奶较为适宜。另外，羔羊断奶后进行短期育肥，6 月龄以前出栏屠宰，可以加快羊群周转，缩短生产周期，提高出栏率，从而降低生产成本，获得最大经济效益。

（三）选择适宜的育肥方式

根据育肥饲养管理条件和出栏要求采用不同的方式育肥。

1. 直线育肥方式 将断奶后的羔羊直接转入育肥场集中育肥，生产羔羊肉。

(1)全舍饲直线育肥方法 根据断奶羔羊育肥饲养标准和饲料营养价值，科学配制育肥日粮，全舍饲育肥。这种方法适用于没有放牧草场的广大农区，羔羊增重快、肉质好，是生产肥羔肉的最佳育肥方法。另外，在节日市场需要的情况下，可确保育肥羊在60天内迅速达到出栏标准，较其他育肥方式育肥期短。

每天饲喂粗饲料(干草、秸秆、青贮)1～2千克，分3次补喂。每天补饲混合精饲料0.5～1.0千克，以羊在45分钟内吃净为宜。每日要给予充足、干净的饮水。

(2)放牧加补饲直线育肥方法 羔羊断奶后转入草场放牧，同时补饲混合精饲料。适合草场丰富的牧区，可降低育肥成本。育肥期一般为60～90天，每天补饲精饲料0.3～0.5千克，分别在出牧前和收牧后2次补给，保证充足饮水，圈内设盐槽，供羊只自由舔食。育肥期日增重可达200克以上。

(3)放牧直线育肥方法 牧区可利用牧草生长特点，实行季节性放牧育肥，但适宜在优质草场上进行。实行季节性放牧育肥不仅可以充分利用牧草资源，而且可以大大缓解冬春缺草的矛盾，提高羊生产效益。

我国广大牧区和高寒山区，牧草生长具有明显的季节性。每年春季牧草萌发，秋后枯萎。因此，可以利用夏、秋牧草生长旺季，实行季节性放牧育肥。放牧直线育肥在每年春初产羔，断奶羔羊利用夏、秋季牧草产量高、营养丰富的特点，搞好放牧育肥，入冬前羔羊膘肥体满时即可出栏或屠宰。放牧育肥的羊群要保

障充足的饮水，并在圈内设盐槽，供羊只自由舔食。

2. 阶段育肥方式 羔羊在断奶以后，利用夏季牧场和秋季遛茬的优势，集群放牧，秋末冬初集中舍饲30～40天，8～10月龄出栏。这种育肥方式适合于草场丰富的牧区和半农半牧区，可充分利用草场和茬地，降低饲料成本，短期优饲又保证了羔羊肉的质量。选择断奶后健康的羔羊，体重和日增重达不到直线育肥标准的羔羊可以用分段育肥的方式育肥。第一阶段，夏、秋季草场放牧期，每天放牧10小时以上，保证充足饮水，自由舔食食盐。第二阶段，秋末冬初全舍饲期，舍饲育肥30～40天，每天饲喂粗饲料(干草、秸秆、青贮饲料)1.0～1.5千克、混合精饲料0.5～1.0千克，分3次喂给。保证充足饮水，食盐自由舔食。

(四)创造适宜的环境条件

环境温度对育肥羊的营养需要和增重影响很大。平均温度低于7℃时，羊体产热量增加以维持体温，采食量增加，但由于热能散失增加，使饲料的增重效率降低，因此应增加日粮能量水平，才能维持较高的日增重。若空气湿度高并有大风天气，更会加剧低温对羊的不良影响。气温高于32℃时，羊的呼吸和体温随气温而增高，采食量减少，食欲下降甚至停食，流涎，严重时中暑死亡。高温、高湿会加剧对羊的危害。

另外，保持环境安静和减少羊只活动，可以减少营养物质消耗，提高育肥效果；适宜的饲养密度也影响育肥效果，一般羔羊育肥每只羊占面积0.8米^{2}左右。

(五)合理利用育肥添加剂

羊的育肥饲料添加剂包括营养性添加剂和非营养性添加剂，其功能是补充或平衡饲料营养成分，提高饲料适口性和利用率，促进羊的生长发育，改善代谢功能，预防疾病，防止饲料在贮存期

间质量下降，改进羊肉品质等，正确使用饲料添加剂，可提高羊育肥效果。

1. 非蛋白氮 非蛋白氮含氮物质包括蛋白质分解中间产物——氮、酰胺、氨基酸，还有尿素、缩二脲和一些铵盐。其中，最常用的是尿素。这些非蛋白质含氮物质为瘤胃微生物提供合成蛋白质的氮源，由于这类添加剂含氮量高，如纯尿素含47%的氮，若全部被瘤胃微生物利用，1千克尿素相当于2.8千克粗蛋白质的营养价值，或7千克豆饼蛋白质的营养价值。因此，可代替部分饲料蛋白质，降低饲料成本。

尿素的喂量应严格控制，一般不超过日粮粗蛋白质的1/3，或不超过日粮干物质的1%；或按羊体重计算，每10千克体重日喂尿素2～3克。尿素应由少到多，使瘤胃微生物有个适应过程，并且最好连续饲喂，一般短期饲喂效果不佳。

尿素在瘤胃中经尿素酶的作用，分解成氨，供微生物合成微生物蛋白质。当瘤胃微生物利用尿素的速度低于尿素分解速度时，一部分氨进入血液，血氨浓度增高会发生氨中毒。国内已研制出"安全型非蛋白氮"产品，如异丁基二脲、磷酸脲、缩二脲等，可使尿素在瘤胃中的分解速度减慢，有利于微生物对氨的充分利用，防止氨中毒。

饲喂尿素应少量多次，一般每日2～3次；喂后不要马上饮水，防止尿素直入皱胃；不能空腹喂，避免瘤胃中尿素浓度过大；同时，饲喂含淀粉多的玉米和硫元素，提高瘤胃微生物对氨的利用。

尿素只在日粮蛋白质不足时才喂，日粮蛋白质充足时，瘤胃微生物则利用有机氮，加喂尿素反而造成浪费。

羊如果发生尿素中毒则表现全身紧张、心神不定、分泌过多的唾液、肌肉震颤、运动失调、瘤胃臌胀、挣扎、咩叫，甚至卧地不起，窒息死亡。急救方法可静脉注射10%～25%葡萄糖注射液，每次100～200毫升。或灌服食醋以中和氨。或灌服冷水，冷水

能降低瘤胃液的温度，从而减少尿素分解；冷水还能稀释氨的浓度，减缓瘤胃吸收氨的速度。冷水和食醋等量灌服效果更好。

2. 矿物质与微量元素　矿物质、微量元素的添加量应按育肥羊的营养需要添加，可制成预混料，均匀混于精补料中饲喂。或将矿物质、微量元素制成盐砖，让羊自由舔食。市售有1%、4%、5%不同剂型的添加剂，可根据需要自配或购买。

3. 维生素添加剂　由于羊瘤胃微生物能够合成B族维生素、维生素K和维生素C，不必另外添加。羊日粮中应提供足够的维生素A、维生素D和维生素E，以满足育肥羊的需要。

维生素添加量根据生长肥育羊的营养需要，在饲料中维生素不足的情况下，可适量添加。添加过量，不但造成浪费，还可造成中毒。如维生素A过量可表现食欲不振，皮肤发痒，关节肿痛，骨质增生，体重下降。维生素D过量，可引起血钙增高，骨质疏松。添加维生素时还应注意与微量元素间的拮抗作用，一般用维生素的包埋剂型配制维生素预混料均匀混合于精补料中。

4. 稀土　稀土是元素周期表中钇、钪及全部镧系共17种元素的总称，可作为一种饲料添加剂用于育肥羊，具有良好的饲喂效果和较高的经济效益。作为饲料添加剂的稀土类型有硝酸盐稀土、氯化盐稀土、维生素C稀土和碳酸盐稀土。

5. 膨润土　膨润土属斑脱岩，是一种以蒙脱石为主要组分的黏土。主要成分为钙10%，钾6%，铝8%，镁4%，铁4%，钠2.5%，锌0.01%，锰0.3%，硅30%，钴0.004%，铜0.008%，氯0.3%，还有钼、钛等。膨润土具有对羊有益的矿物质元素，对体内的有害毒物、胃肠中的病菌有吸附作用，有利于机体的健康，提高羊的生产性能。

6. 瘤胃素　瘤胃素又名莫能菌素，是肉桂的链霉菌发酵产生的抗生素。其功能是通过减少甲烷气体能量损失和饲料蛋白质降解、脱氨损失，控制和提高瘤胃发酵效率，从而提高增重速度及饲料转化率。瘤胃素的添加量一般为每千克日粮干物质25～30毫克，可均匀地混合在精补料中，最初添加量可低些，以后逐渐增加。

7. 缓冲剂 羊强度育肥时，日粮精饲料增多，粗饲料减少，瘤胃内会形成过多的酸性物质，影响羊的食欲，瘤胃微生物区系被抑制，对饲料的消化能力减弱。添加缓冲剂可中和瘤胃内酸性物质，促进羊的食欲，提高饲料消化率和羊增重速度。

育肥羊常用缓冲剂有碳酸氢钠和氧化镁。碳酸氢钠添加量占日粮干物质的0.7%～1%。氧化镁添加量为日粮干物质的0.3%～0.5%。添加缓冲剂时应由少到多，使羊有一个适应过程。此外，碳酸氢钠和氧化镁按3∶1的比例同时添加效果更好。

8. 酶制剂 酶是活体细胞产生的具有特殊催化能力的蛋白质，是一种生物催化剂，对饲料养分消化起重要作用。酶制剂包括纤维素酶、蛋白酶、脂肪酶、果胶酶、淀粉酶、植酸酶、尿素分解阻滞酶等，可促进蛋白质、脂肪、淀粉和纤维素的水解，提高饲料转化率，促进动物生长。如饲料中添加纤维素酶，可提高羊对纤维素的分解能力，使纤维素得到充分利用。

9. 中草药添加剂 中草药添加剂是为预防疾病、改善机体生理状况、促进生长而在饲料中添加的一类天然中草药、中草药提取物或中草药加工利用后的剩余物。

10. 微生态制剂 微生态制剂又叫益生素、优生素、活菌制剂等，不但具有防病治病作用，与抗生素相比，还有无残留、无污染、高效、价廉等优点。微生态制剂的使用，造就了致病微生物的不利生存环境或将其驱逐出定植地点，达到防治疾病的目的。大多数微生物都可以产生多种杀菌物质，如乳酸杆菌产生的过氧化氢对多种潜在的病原菌都有杀灭作用；微生态制剂中的活菌还可在宿主体内产生多种维生素和消化酶，从而提高饲料转化率；饲喂微生态制剂可以提高机体的抗体水平和巨噬细胞的活力，从而增强机体的免疫功能，减少疾病的发生。

第八章

羔羊常见病防治

一、羔羊传染病

羔羊传染病一般发病很快，发病很广又来不及治疗，所以预防尤为重要。一般预防措施：①科学饲养管理。提供充足优质的饲料，不喂发霉变质饲料。搞好羊舍卫生，经常打扫，保持干燥；粪污远离羊舍，堆积发酵；饲料槽、饮水槽及其用具勤刷勤洗。②建立防疫设施和防疫管理制度。实行隔离饲养，防止疾病传播，生产区门口设立消毒池、紫外线灯，进入羊场必须更衣换鞋，谢绝同行参观。怀疑患传染病的羊（带病菌、病毒）应早期隔离，或治疗，或淘汰。消灭传染源，病死羊尸体深埋。对病羊的分泌物、呕吐物、排泄物进行深埋、焚烧等无害化处理。消除传染媒介，如动物（如老鼠、螺类）、昆虫（如苍蝇、蚊子）、污染的饲料、饮水、空气、土壤、用具、畜舍等。③按期检疫诊断。禁止到疫区购羊，从非疫区购来的羊也应先隔离饲养 1 个月。对原有羊群要分期、分批进行流行病学、临床症状、病理解剖、病原学及免疫学等方法的检疫。④坚持消毒制度。采用机械性消毒、阳光和干燥消毒、高温消毒、生物热消毒、化学消毒等方法，消毒药要轮换使用，防止产生耐药性。⑤免疫预防。根据所在地区的疫病流行情况和规律，确定接种

时机。必须注射的4种疫苗有山羊痘弱毒冻干苗、羊四联或五联灭活疫苗、山羊传染性胸膜肺炎氢氧化铝菌苗、牛羊O型口蹄疫灭活疫苗。

羊快疫

羊快疫是绵羊的一种急性传染病，特点是在羊的皱胃和十二指肠黏膜上有出血性炎症，并在消化道内产生大量气体。

【病原及传染】 羊快疫的病原体是腐败梭菌。主要通过消化道感染，低洼沼泽地区多发生。早春、秋末气候突变，羊在冬季营养不良或采食带霜草，患感冒等都能诱发本病。4～7月龄的断奶羔羊以及1周龄以内的羔羊最易感染此病。

【症　状】 突然发病，迅速死亡，整个病程仅2～12小时。病羊体温升高，口腔、鼻孔溢出红色带泡沫的液体。有时也有腹泻、精神不安、兴奋等症状。有的病羊呈现腹痛、臌气、排出稀粪等症状。

【防　治】 此病发病急，病羊往往来不及治疗，故要以预防为主。对疫区的羊应每年春、秋季注射三联苗或四联苗2次。一般接种后7～10天即可产生免疫力，免疫期6～8个月。

对发病慢的羊可用抗生素或磺胺类药物治疗，对未发病的羊进行隔离，以减少或停止发病。

羊肠毒血症

本病多在春末夏初或秋末冬初发生。育肥羊饲喂过多精饲料会降低胃肠酸度，导致病原体快速繁殖。多雨季节、气候骤变、地势低洼等，都易诱发本病。

【病原及传染】 羊肠毒血症（软肾病）的病原体是D型魏氏梭菌。羊采食带有病菌的饲料，经消化道感染。病菌在羊的肠道中大量繁殖，产生毒素而引起本病发生。3～12周龄羔羊最易患此病而死亡。

【症　状】 多呈最急性症状，病羊突然不安，迅速倒地、昏迷，呼吸困难，随之窒息死亡。病程缓慢的，初期病羊可呈兴奋症状，转圈或撞击障碍物，随后倒地死亡；或初期病羊沉郁，继而剧烈痉挛死亡。一般体温不高，但常有绿色糊状腹泻。

【防　治】 加强饲养管理，防止过食，精、粗、青饲料多样搭配，合理运动。疫区每年春、秋 2 次注射羊肠毒血症菌苗或三联苗。对羊群中尚未发病的羊只，可用三联苗做紧急预防注射。当疫情发生时，应重视病羊尸体深埋处理，羊舍及周围场所消毒。病程缓慢的可用免疫血清（D 型产气荚膜梭菌抗毒素）或抗生素、磺胺药等药物，也能收到一定疗效。但此病往往发病急，来不及治疗即死亡。

羔羊痢疾

羔羊痢疾是以羔羊腹泻为主要特征的急性传染病，主要危害 7 日龄以内的羔羊，死亡率很高。

【病原及传染】 引起羔羊痢疾的病原微生物主要为大肠杆菌、沙门氏杆菌、魏氏梭菌、肠球菌等。这些病原微生物可混合感染或单独感染而使羔羊发病。传染途径主要是通过消化道，但也可经脐带或伤口传染。本病的发生和流行与妊娠母羊营养不良，羔羊护理不当，产羔季节气候突变，羊舍阴冷潮湿有很大关系。

【症　状】 自然感染潜伏期为 1～2 天。病羔体温微升或正常，精神不振，行动迟缓，被毛粗乱，孤立在羊舍角落，低头弓背，不想吃奶，眼睑肿胀，呼吸、脉搏增快，不久则发生持续性腹泻，粪便恶臭，开始为糊状，后变为水样，含有气泡、黏液和血液。粪便颜色不一，有黄、绿、黄绿、灰白等色。病后期，常因虚弱、脱水、酸中毒而死亡。病程一般 2～3 天。也有的病羔腹胀，只排少量稀粪，而主要表现神经症状、四肢瘫软、卧地不起、呼吸急促、口流白沫、头向后仰、体温下降，最后昏迷死亡。

主要病变在消化道，肠黏膜有卡他性出血性炎症，内有血样内容物，肠肿胀，小肠溃疡。

【防　治】 预防措施：首先要加强妊娠母羊的饲养管理，使之膘肥体壮，所产羔羊体质好、抗病力强。备足越冬草料，保证产后母羊营养充足，羔羊能吃到足够的母乳。搞好卫生消毒。每年产羔季节前，对栏舍进行1次彻底清理消毒，产前、产后和接产过程中注意清洁卫生，特别是母体、乳房和器具的清洁卫生，注意脐带的消毒。保持栏圈内干燥和温暖。每年秋季给母羊注射羔羊痢疾疫苗或羊四联苗或多联苗，妊娠母羊在产羔前2～3周再接种1次，使羔羊通过吸吮母羊初乳获得抗体。药物预防：羔羊出生后12小时内，灌服土霉素0.2克，连用3天。

治疗措施：对患病羔羊做到早发现，及时治疗，精心护理。治疗以抗菌、消炎、解毒、止泻、止酵和调理胃肠功能为原则。发病慢、排稀粪的病羔先灌服含0.5%甲醛的6%硫酸镁溶液30～60毫升，6～8小时后再灌服1%高锰酸钾溶液10～20毫升，次日再投服高锰酸钾溶液。口服土霉素0.2～0.3克，每天2次；每千克体重肌内注射乳酸环丙沙星0.1～0.15毫升。严重脱水的羔羊除用上述药物外，还应静脉注射5%葡萄糖生理盐水20～40毫升。

传染性胸膜肺炎

传染性胸膜肺炎俗称“烂肺病”。本病秋季多发，传播迅速，死亡率较高。其特征是高热，肺实质和胸膜发生浆液性和纤维性炎症。肺高度水肿，并有明显肝脏病变。

【病原及传染】 病原体为山羊丝状支原体，主要存在于病羊的肺脏、胸膜渗出液和纵膈淋巴结中。本病主要通过飞沫传染，发病率可达95%以上。传染源为病羊和隐性感染羊。如果羊只营养不良，受寒、受潮以及羊群过于拥挤，都易诱发本病。

【症　状】 潜伏期18～26天，呈急性或慢性经过，死亡率较高。病初体温升高至41℃～42℃，精神萎靡，咳嗽，食欲减退，两眼无光，被毛粗乱，发抖，呆立离群。听诊有湿性啰音及胸膜摩擦音；症状重时，摩擦音消失，局部呈完全浊音。以手按压肋间时，有疼痛感。呼吸逐渐困难，自鼻孔流出浆液性黏液样分泌物，鼻黏膜及眼结膜高度充血。后期病羊卧地，呼吸极度困难，拱背，头颈伸直，口半张开，流涎、流泪，并有胃肠炎、血性下痢。急性发作常在4～5日死亡，死亡率60%～70%，慢性者常因衰竭而死。

【防　治】 对疫区的羊每年定期使用山羊传染性胸膜肺炎氢氧化铝疫苗进行预防注射，发现病羊应及时隔离，并对其污染的场所和用具严格消毒。

治疗可用磺胺嘧唑钠，每千克体重用0.2～0.4克配成注射液，皮下注射，每天1次；松节油0.2～0.3毫升静脉注射。可能出现排尿、摇头、步态不稳等不良反应，经16～18小时即可自行消失；土霉素，每千克体重10毫克，肌内注射，每天1次。

传染性脓疱

本病包括羔羊口疮、传染性口膜炎或脓疱性口膜炎，是急性接触性传染病，以羔羊、幼龄羊发病率较高。其特征为口唇等处皮肤和黏膜形成丘疹、脓疱、溃疡和结成疣状厚痂。

【病原及传染】 本病由病毒引起，病毒主要存在于病变部位的渗出液和痂块中。与病羊直接接触，或接触污染的羊舍、饲料、饮水等而感染本病。本病无季节性，常表现为群发性流行，发病率在90%以上。

【症　状】 病变主要在口腔、口唇和鼻部等部位，起初出现稍凸起的红色斑点，以后变为红疹、水疱、脓疮，最后形成痂皮。痂皮开始呈红棕色，以后变为黑褐色，非常坚硬。病羊口中流出浑浊、发臭的口水，疼痛难忍，不能采食。有的病羊蹄部出现脓疱和溃疡。另外，由于病羔吃奶，也可使母羊的乳房、乳头及大腿内侧出现脓疮和溃疡。若无其他并发病，一般呈良性经过，10 天后，痂块脱落，皮肤新生，不留任何斑痕。

【防　治】 在流行地区进行疫苗接种。饲料和垫草应尽量拣出芒刺，加喂适量食盐，以减少羊只啃土、啃墙，从而保护皮肤黏膜不损伤。用 0.1%高锰酸钾溶液冲洗患部，或用 5%硼酸、3%氯酸钾溶液洗涤，然后涂 5%碘酊或碘甘油，或 2%龙胆紫、5%土霉素软膏或青霉素呋喃西林软膏，每天 1～2 次。继发咽炎或肺炎者，肌内注射青霉素。

羊　痘

【病原及传染】 羊痘为人畜共患急性接触性传染病，病原体为滤过性病毒。该病可发生于任何季节，但以春、秋两季多发，传播很快。传染途径为呼吸道、消化道和受损伤的皮肤。受到病毒污染的饲料、饮水、初愈病羊都可能成为传播媒介。病羊痊愈后能获得终身免疫。

【症　状】 恶性型羊痘，病羊体温升高至 41℃～42℃，精神萎靡，食欲消失，眼肿流泪，呼吸困难。经 1～3 天，全身皮肤表面出现红色斑疹(痘疹)，然后变成丘斑、水疱，最后形成脓疮，7～8 天后结成干痂慢慢脱落。

【防　治】 预防措施：每年定期预防接种氢氧化铝羊痘疫苗，皮下注射，成年羊 5 毫升，羔羊 3 毫升，免疫期为 5 个月。发现病羊应及时隔离，并对被其污染的羊舍、用具等彻底消毒。局部治疗可用 0.1%高锰酸钾溶液冲洗患部，干后涂以碘酊、紫药水、硼酸膏、硫磺软膏、凡士林、红霉素软膏、四环素软膏等；中药治疗可用葛根 15 克、紫草 15 克、苍术 15 克、黄连 9 克、绿豆 30 克、白糖 30 克，水煎后候温灌服，每日 1 剂，连用 3 剂即可见效。

二、寄生虫病

羊群感染寄生虫病大多呈慢性过程，不像传染病那样一下子发生大量死亡，很容易被忽视。实际上，羊寄生虫病对人畜的危害比较大，而且羊患了寄生虫病，往往发育不良，养不肥，皮毛干燥，并因瘦弱而抵抗力下降，容易并发其他疾病死亡，造成经济损失。饲养管理中首先要保证羊只日粮的足量供给和全价营养，充分发挥机体的抗病能力。其次加强管理，保管好饲料，防止被污染，不要到低洼潮湿的地方放牧或饮水，也不要到这些地方割青草喂羊；羊舍应保持干燥、光线充足，通风良好，饲养密度要合理，防止过于拥挤；羊舍和运动场应勤打扫、勤换垫料，垃圾和粪便进行发酵处理。寄生虫病和传染病一样，治疗时花费较大，且有些寄生虫病治愈很不容易，甚至缺乏有效的治疗方法。所以，要减少羊寄生虫病造成的损失，关键是根据本地区寄生虫病的流行规律，加大对寄生虫病预防的投入，在寄生虫发病季节到来之前，合理使用药物，对羊只进行驱虫预防，以防止发病。定期驱虫应把握的时机和方法：一是羊体内寄生虫预防驱虫，坚持每年春天3～4月份和初冬10～11月份2次全群集中驱虫，保证羊只的增膘复壮和安全越冬。此外，在水草丰茂前的6～7月加强用药1次，保证有效地控制寄生虫对羊只的危害。二是羊体外寄生虫预防驱虫，体外寄生虫主要防制疥螨、痒螨、蚤、蜱等。健康羊只可在每年3～4月份和10～11月份进行2次药浴；三是对转群前和断奶时的羊只进行预防驱虫。

胃肠线虫病

【病　原】　主要有捻转胃虫（血矛线虫）、钩虫（仰口线虫）、结节虫（食管口线虫）、鞭虫（毛首线虫）和阔口圆虫（夏伯特线虫）

等。胃肠线虫不需要中间宿主。寄生在胃肠的成雌虫排出卵随粪便排出体外，在适宜的温度、湿度下经 4～11 天两次蜕化后，附在牧草上，随羊只采草被吞入胃内。其中，捻转胃虫经 18～21 天，鞭虫经 15～20 天，结节虫的幼虫钻入肠壁内经过 5 天后回到肠内再经 25～35 天，然后变成成虫，长期寄生。钩虫的幼虫钻进皮肤或被吞入后，随血流经肺、气管、咽再到肠道，再经 17～24 天，变成成虫，长期寄生。

【症　状】 病初病羊被毛蓬乱无光，由于虫体损伤胃肠黏膜，吮吸血液并产生毒素，使病羊出现不同程度的贫血、消瘦，下痢，结膜苍白，粪便有黏液，有的带血。颌下、胸下水肿，早晨、冷天水肿轻，下午、热天水肿明显。羊毛出现饥饿痕，严重者脱毛。后期呈现明显的下颌及胸下水肿，血液循环障碍，造成心力衰竭而死亡。

【治　疗】 左旋咪唑每千克体重 5～10 毫克，溶水灌服，或做成 5%注射液皮下注射或肌内注射；噻咪唑每千克体重 50～100 毫克，溶水中饮服；吩噻嗪(硫化二苯胺)，每千克体重 0.5～1 克，与面粉和成团经口投入。羔羊每只 5～15 克，成年羊 20～30 克；丙硫苯咪唑，对各类寄生虫都有一定效果；阿维菌素或伊维菌素，每千克体重 0.2 毫克拌料投喂。

绦虫病

【病　原】 一般都是莫尼茨绦虫。绦虫寄生于小肠内，虫体为黄白色或乳白色，长 1～5 米，由头节、颈节和许多体节连成，呈扁平长带状，每个节片中含有雄、雌两性的生殖器官，后段的成熟节片中含有大量孕卵，脱离虫体后，随粪便排出体外并散布在草地上。

绦虫的感染途径与线虫不同，要经过地螨这个中间宿主，即散落在草地上的绦虫节片被地螨吞食，卵内六钩蚴逸出，在地螨

体内继续发育为感染性似囊尾蚴，随同采草被羊吞食，地螨在羊胃肠中被消化而破坏，似囊尾蚴被释出，吸附在小肠黏膜上，逐渐生长发育，变为成虫。

绦虫主要感染1.5～8月龄的幼羊，多数羊在4～6月份表现症状。羊粪中肉眼可见大米粒似的绦虫体节。

【症　状】 病羊食欲减退，精神不振，消瘦，腹泻或便秘。绦虫在病羊体内产生毒素并夺取大量营养，导致病羊贫血，影响生长发育。虫体过多能在肠道内形成大团，堵塞肠管，影响消化，重者致羊死亡。

【治　疗】 氯硝柳胺(驱绦灵)，每千克体重50～75毫克，加水灌服；硫双二氯酚，每千克体重7～10毫克，口服；丙硫苯咪唑，每千克体重5～15毫克，口服；阿维菌素或伊维菌素，每千克体重0.2毫克，口服。

肝片吸虫病

【病　原】 本病是由肝片吸虫寄生在肝脏、胆管而引起的疾病。虫体形如柳叶，又名柳叶吸虫，虫体长20～30毫米，宽8～13毫米。对幼龄羊危害大。

成虫在胆管内产卵，卵随胆汁进入肠道，再随粪便排出体外，在温度、湿度适宜的条件下，孵出毛蚴，钻入中间宿主椎实螺体内继续发育，经3次蜕化后的尾蚴钻出螺体变成囊蚴，黏附在水草或水面上，被羊食入或饮入后，幼虫在消化道内逸出，穿过肠壁进入腹腔，再钻入肝脏，进入胆管，发育为成虫。

【症　状】

急性型：多发生在秋季。病羊体温升高，精神沉郁，反应迟钝，离群落后。可视黏膜苍白、黄染，引发创伤性、出血性肝炎，有时突然死亡。

慢性型：病羊贫血，颌下、胸下、腹下水肿，食欲不振，消瘦，被毛无光、有饥饿痕，严重时被毛脱落，母羊流产。

【治　疗】 硫双二氯酚(别丁)，每千克体重100毫克，口服；硝氯酚，每千克体重4～6毫克，口服或肌内注射剂每千克体重0.75～1.00毫克；吡喹酮对所有吸虫都有效，每千克体重50～60毫克；阿维菌素或伊维菌素，口服，每千克体重0.2毫克，口服。

羊鼻蝇蛆病

【病　原】 羊鼻蝇形似蜜蜂，夏、秋季节雌虫在羊的鼻孔周围产下幼虫，幼虫进入鼻腔，叮在鼻黏膜上，并进入与鼻腔相通的腔窦内，翌年春天发育为第三期幼虫，随羊打喷嚏落到地面，钻进土壤变成蛹，孵化为成虫飞出。

【症　状】 鼻蝇不断侵袭和骚扰羊群，使羊惊恐不安，在牧场上低头乱跑，严重影响采食。幼虫有角质小钩，刺入鼻道、额窦、颌窦，在移行时损伤黏膜，引起炎症。初期是浆液性炎症，后期变为脓性炎症，由鼻孔流出多量脓性鼻漏，有时带有血丝。鼻液干燥后形成结痂，堵塞鼻孔，使病羊呼吸困难并频频打喷嚏。严重的造成鼻腔肿胀，由口呼吸，更严重者炎症波及脑膜，也有的幼虫钻入颅腔，引起羊转圈、抽风等神经症状，最后精神沉郁而死亡。

【防　治】 秋初将羊只放在较封闭的羊舍内，将80%敌敌畏乳剂倒在烧红的铁板上，使药液充分挥发成气雾，让羊充分吸入鼻腔。用药量每立方米1毫升，时间15分钟。气雾治疗后羊鼻蝇幼虫死亡，随鼻涕喷出。也可用敌百虫每千克体重0.1克，口服，或0.07克皮下注射。夏季可往羊鼻孔周围涂抹敌百虫，防治此病。

疥癣病

【病　原】 由羊螨寄生而引发的以皮肤奇痒为特征的传染性较广的疾病，俗称羊癞。

羊螨通过刺破皮肤组织，吸收血液获取营养。主要感染途径是与病羊接触，被污染的圈舍、用具及草料等也是感染媒介。

【症 状】 病羊初期表现发痒，特别是夜间和清晨病羊极其不安，靠墙、靠饲槽，到处摩擦，搔弹或啃咬患部。被毛先潮湿后松乱，皮肤出现小疙瘩、水疱和溃烂，后形成干痂，皮肤增厚，绒毛脱落。病羊逐渐消瘦，贫血，体质衰弱，脱毛部位逐渐扩大。夏天被毛短，症状不明显，冬、春季节病羊极度消瘦，有的全身无毛，可成批死亡。

【治 疗】 药浴是治疗和预防疥癣病比较彻底的方法。把杀螨药物配成低浓度药液，让羊在药液内浸泡数分钟，使全身湿透接触到药液，能较安全地杀死螨虫，同时还能杀死蜱、虱、蝇等体外寄生虫。

较大规模的羊场和养羊专业户，最好修建用砖头砌成的永久性药浴池，每年春、秋进行 2 次药浴。

药浴注意的事项：①大群药浴时，先用少数羊做安全试验。②大多数药品对螨虫卵无杀灭作用，疥癣病流行时期必须进行 2～3 次药浴，每次间隔 5 天，才能达到目的。③分群进行药浴。要按羔羊、育成羊、成年羊的顺序进行。羔羊用药液浓度要低一点。④浴前饮足水，避免羊因口渴而误饮药液中毒。⑤药浴应在晴朗无风的天气进行。药液温度以 20℃左右为宜。药浴后的羊需要在阴凉通风的地方休息。不能在太阳下暴晒，也不能在闷热的圈舍里。⑥注意观察药浴后羊的表现，发现有精神不安、卧地、口吐白沫等中毒现象的羊，应及时采取解毒措施。⑦羊药浴后的消毒药液，可用作羊舍墙壁及用具的喷洒消毒。

另外，涂搽法应用于个别羊治疗。寒冷的冬天或发病较少时可采用涂搽法。1 次涂搽药物的面积不能超过体表的 1/3，防止引起中毒。

肺丝虫(肺线虫)病

肺丝虫寄生在羊的呼吸道内,引起支气管肺炎。多发生于绵羊,绵羊羔羊更易感染。

【病　原】 病原体是肺丝虫,分大型肺丝虫(丝状网尾线虫)和小型肺丝虫(原圆科线虫)两类。大型肺丝虫寄生在羊的气管和支气管内,雌虫产出虫卵,虫卵随咳嗽进入口腔,然后大部分咽下,在消化道内孵化成幼虫。幼虫随粪便排出,然后随羊吃草吞入消化道,通过血液循环至肺部。小型肺丝虫的雌虫在肺内产卵,孵出幼虫后即由气管上行至口腔,然后进入消化道,随粪便排出。幼虫能钻入螺蛳体内,经过一段时间的发育后从螺体内钻出,随羊吃草或饮水进入消化道,再通过血液循环至肺部。

【症　状】 一般以慢性过程出现,多呈肺炎或胸膜炎症状。病羊精神萎靡,开始时出现短的干咳,后咳嗽频繁而强烈。呼吸困难,有时从鼻孔流黏稠的分泌物,食欲不振,病羊因衰弱继发感染而死亡。

【治　疗】 治疗和预防药物:氰乙酰肼,每千克体重15～20毫克内服,每千克体重10～15毫克肌内或皮下注射,用蒸馏水配成10%注射液注射,此药对本病效果很好;驱虫净,每千克体重20～30毫克内服,每千克体重6～8毫克皮下注射;1/1 500碘溶液(碘片1.0克、碘化钾1.5克、蒸馏水1 500毫升),气管注射,每千克体重成年羊12～15毫升,羔羊8毫升,1岁羊10毫升,每日1次,连续2日,或间隔1～2日,连续2次。

羊蜱病

【病　原】 病原体为蜱。蜱又称草鳖子、草爬子等,寄生在羊体表吸血,是多种病原的传播者。蜱雌虫在地下或石缝中产卵,经过卵、幼虫、若虫发育成成虫。蜱可分为硬蜱和软蜱两种,

硬蜱寄生在羊体表，因背侧壁成厚实的盾片状角质板而得名；软蜱无盾片，全身为弹性皮革状，饱食后迅速膨胀，饥饿时迅速缩瘪，整个变态期长达4个月至1年，存活时间为6～7年，最长15～25年。

【症　状】　蜱的叮咬使羊只采食、睡卧不安，并引起皮炎、溃疡。当蜱大量寄生时，可造成羊消瘦、贫血、生产性能降低，甚至死亡。

【防　治】　用机械摘除或用药浴法消灭。蜱活动季节每5～6天处理1次，或用治疗疥癣的办法处理羊体表寄生的蜱；消灭羊舍的蜱，用水泥、石灰、黄泥堵塞所有缝隙及小孔；对新购入羊进行蜱的检查，寄生蜱的羊不能混群；采用化学药品消灭草场上的蜱等。

羊虱病

【病　原】　病原体为羊虱子，可分为吸血虱和食毛虱两类。吸血虱嘴细长而尖，具有吸血口器，可刺破羊体皮肤，吸取血液；食毛虱嘴硬而扁阔，有咀嚼器，专食羊体表皮组织、皮肤分泌物及毛、绒等。

【症　状】　羊虱寄生在羊体表，可引起皮肤发炎、剧痒、脱皮、脱毛、消瘦和贫血等。病羊皮肤发痒，精神不安，常啃咬或蹄踢患部，并喜靠近墙角或木柱擦痒。寄生羊虱久者，患部羊毛粗乱、易断或脱落，患部皮肤粗糙、起皮屑，久之因采食、休息不好而消瘦、贫血、抵抗力下降，并继发其他疾病，造成死亡。

【防　治】　经常保持圈舍卫生、干燥，对羊舍及所接触的物体用0.5%～1%敌百虫溶液喷洒。引入羊只必须先检疫，确定健康后再混群饲养。

治疗羊虱夏季可进行药浴，天气寒冷时可用药液洗刷羊身或局部涂抹。

三、普通病

瘤胃臌胀

【病　因】 急性瘤胃臌气(气胀),是羊胃内饲料发酵,迅速产生大量气体所致疾病。多发生于春末夏初放牧羊群。羊吃了大量易发酵、嫩的紫花苜蓿或采食了霜冻饲料、酒槽、霉烂变质的饲料后易发此病。

【症　状】 病初,羊只食欲减退,反刍、嗳气减少,很快食欲废绝,反刍、嗳气停止。呻吟、努责,腹痛不安,腹围显著增大,尤以左肷部明显。触诊瘤胃时充满、坚实并有疼痛感,叩诊呈浊音。病初羊经常做排粪姿势,但排出粪量少,为干硬带有黏液的粪便,或排少量褐色带恶臭的稀粪,尿少或无尿。鼻、嘴干燥,呼吸困难,眼结膜发绀。重者脉搏快而弱,呼吸困难,口吐白沫,但体温正常。病后期,羊虚乏无力,四肢颤抖,站立不稳,最后昏迷倒地,因窒息或心脏衰竭而死亡。

【防　治】 初春放牧时,防止羊采食大量豆科牧草,不喂霉烂、容易发酵的饲料,不喂冰冻饲料,不喂雨后水草或露水未干的草,不喂大量难以消化和易膨胀饲料。变换饲料应逐渐过渡,以防本病。

治疗本病时,可先用胃管放气,插入胃导管放气,缓解腹压。然后每只羊可用硫酸镁(钠)100克,加鱼石脂5～10克,混水,一次灌服;或液状石蜡、植物油100～150毫升,一次灌服;或用40%甲醛、来苏儿2～5毫升,加水200～300毫升,一次灌服。

用酒石酸锑钾0.2～0.4克溶于大量水中,灌服,每日3次,能提高瘤胃兴奋性。当羊只衰弱或患胃肠炎时,不宜应用此药;可用氨甲酰胆碱注射液,每千克体重0.5～0.8毫克,皮下注射,

必要时 6～8 小时后重复注射 1 次。

治疗本病的土方：煤油、菜籽油各 100 毫升，混合后一次灌服；大蒜 200 克捣碎，加黄酒 250 克，冲水适量，一次喂服；大蒜 200 克捣碎，加食用油 150 毫升，一次喂服；大蒜、马鞭草、虎杖各 200 克，共捣烂，加水 0.5 千克，一次灌服，每日 1 次，连用 2～3 天。

药物治疗时，应配合按摩瘤胃部，每天 4 次，每次 20～30 分钟，效果更好。当应用药物治疗效果不佳时，可行瘤胃穿刺放气或瘤胃切开术，取出大部分瘤胃内容物。

食管梗塞

【病　因】 羊只吞咽萝卜、胡萝卜、甜菜、豆饼等大块食物时堵塞在食管内，引起的急性疾病，多发生在秋、冬季节。

【症　状】 多发生在饲喂块根饲料，或在萝卜地放牧时突然发病。病初发咳，有频频吞咽和空嚼动作，继而神态不安，不断伸颈摇头，有时以前肢弹头或弹患侧颈部，流出大量泡沫和黏涎。最后食欲废绝，目光发直，呼吸急迫，脉搏加快。如梗塞在颈部，于食管沟处可看到隆起并可摸到梗塞的硬物体。

【治　疗】 堵塞部位距口近者，可用手将堵塞物向口方向推，从口排出；堵塞物距口远时可用涂油胃管将异物推向瘤胃。措施无效时，施食管切开术。

腐蹄病

【病　因】 由坏死杆菌引起的以烂蹄为主要特征的疾病。圈舍泥泞，牧地低洼潮湿，特别是夏秋季节阴雨天多，四蹄长期得不到干燥时，极易发生蹄叉腐烂。

【症　状】 病羊开始时跛行，蹄叉肿痛，不敢着地，走路困难。继之蹄冠、蹄踵、趾间肿胀、发热，开始溃烂。患部常有血水流出，或有恶臭味的脓性分泌物。最后形成脓肿、浓漏，直至蹄匣脱落，不能行走。全身症状恶化，进而发生脓毒败血症，导致死亡。

【防　治】 不要经常去洼地放牧，保持圈内干燥、卫生，保持蹄子干燥，避免扎伤。病羊要隔离治疗，接触物烧毁并用3%～5%来苏儿溶液进行圈舍、用具消毒。

治疗方法：清除患羊蹄内污物，用3%来苏儿或5%甲醛溶液洗净后向患部撒青霉素粉或其他消炎药物，不包扎，实行开放疗法。

对于腐烂的蹄部，用外科剪子彻底剪掉坏死组织，再用硫酸铜溶液充分洗涤收敛后，向创口内填塞硫酸铜粉或高锰酸钾粉。如圈舍干燥，可开放不包扎；若阴雨潮湿，应适当包扎防湿。

大群发病时，在羊圈门口设长2米、宽1.5米、深10厘米的水泥消毒池，放入10%～30%硫酸铜溶液，出牧前后让羊蹚药池消毒蹄部。

个别严重病羊可采用抗生素、磺胺类药物治疗，并采用强心、解毒类药物对症治疗。

感　冒

【病　因】 在早春和晚秋气候多变季节多发。气候剧变、栏舍潮湿、门窗破损、风雨侵袭，或长途运输、夏季剪毛后或出汗后突遭雨淋等，都可能引起羊只防御功能下降，上呼吸道黏膜发生炎症而感冒。羔羊最易发生本病。

【症　状】 病羊精神不振，低头耷耳，结膜潮红，皮温不均，耳尖、鼻端和四肢末端发凉，体温升高40℃以上。鼻塞不通，初流清鼻涕，以后鼻涕变稠。常发咳嗽，呼吸加快，听诊肺泡音粗厉。食欲减退，反刍减少，鼻镜干燥。

【防　治】 冬季注意羊只防寒保温，羊舍门窗封好，墙壁堵严，防止羊舍内有贼风；同时，应保持羊舍干燥，在雨雪天气严禁放牧。

本病治疗，可用解热镇痛药复方氨基比林注射液，成年羊4～

6 毫升，羔羊 2～3 毫升，肌内注射，每日 2 次；病重者可在用解热镇痛药物后，适当配合用磺胺类和抗生素等药物。

偏方疗法：辣椒、生姜、大葱、萝卜各适量，加入红糖温开水灌服。

中药治法：荆芥 3 克、紫苏 3 克、薄荷 3 克，煎水灌服，每日 2 次。

肠痉挛

【病　因】 天气炎热时急饮冷水，或气温骤变，如暑天突然被暴雨淋湿，或久雨过后太阳暴晒，都可引起急性腹疼。

【症　状】 羊行走时突然停立或卧地不起，发出“吭吭”声，然后出现像产羔一样的努责声，并回头看其腹部。剧烈疼痛时，乱蹦后又卧倒。此病如不及时治疗，容易造成死亡。

【防　治】 气候多变季节，留意天气预报，做好预防工作。雨后烈日，让羊在阴凉、通风处休息。

本病发生后可针灸天门、耳尖、山根、八字、尾根等穴位，效果明显；用桃仁或苦杏仁 10 粒、红糖少许，煎服，效果更佳。

胃肠炎

【病　因】 饲料品质粗劣，长期给予粗硬、发霉、腐败、污染的草料；或饲料混有泥沙及其他异物；饲料搭配不合理，饲喂不当、饮水不洁等均易引发本病发生。羊在体弱、胃肠功能障碍时更易发本病。

【症　状】 病羊精神沉郁，饮欲增加，食欲废绝，可视黏膜初为暗红略带黄色，后为青紫。口腔、鼻镜干燥，口腔气味恶臭，舌面皱缩，被覆多量黄腻或白色舌苔，常伴有轻微腹痛，体温升高，也有个别后期发热，或体温始终不高，脉搏初期加快，以后变细弱、急速等症状。本病主要症状是持续腹泻，粪稀软或水样，恶臭或腥臭，混有血液及坏死组织片。有时便秘与腹泻交替发生。严重时，眼球凹陷，角膜干燥而暗淡无光。腹围紧缩，尿少色浓，最后卧地不起。如不及时治疗则衰竭死亡。

【防　治】 加强饲养管理,注意草料质量。保持饮水清洁,定期驱虫,做到羊舍干燥、清洁、保暖通风。药物治疗原则以抗菌消炎、缓泻止泻、强心补液、解毒为主。主要有以下方法。

杀菌消炎:轻者,内服0.1%～0.2%高锰酸钾溶液500～1 000毫升,每天1～2次;或磺胺脒每只5～10克,每天1～2次内服;或黄连素片0.5～1克,每天分3次灌服。重症者,内服氯霉素,每千克体重30～60毫克,每天2～3次;或肌内注射氯霉素,每千克体重20～30毫克,每日2次。

缓泻止泻:粪便稀,并混有大量黏液及消化不完全且气味腥臭时不宜止泻。当粪便似水,频泻不止,腥臭味不大,不带或仅带少量黏液时立即止泻。每只羊用鞣酸蛋白10克、次硝酸铋10克、木炭末50～100克,研碎混合,加温水适量,一次灌服。也可用磺胺脒5～10克、木炭末50～100克、碳酸氢钠10克,研碎混水灌服。

强心补液:补液是治疗胃肠炎的重要措施之一,不仅可以补充所丧失的水分、盐、糖,而且还能调节心、肾功能,改善体液循环,稀释血中毒素,促进毒素排出体外。每只羊可用5%糖盐水200～500毫升、5%碳酸氢钠注射液100～200毫升、20%安钠咖注射液5毫升混合后一次缓慢静脉注射。

中毒病

1. 毒草中毒 断奶羔羊放牧首先会遇到毒草中毒的威胁。毒草比一般草返青早,生长快,而且颜色鲜艳,在牧场上遥看一片绿、近看草根稀的季节里,羊特别是幼龄羊识别毒草的能力差,最容易误食毒草而引起中毒。北方地区的毒草主要有藜芦(山包米)、狼毒、毒芹和白头翁等。

【症　状】 精神沉郁,离群掉队,采食和反刍停止,口吐白

沫，低头站立。严重者，腹痛臌胀，腹泻，呼吸困难，最后体温下降，窒息而死。

【治　疗】 1％鞣酸溶液100～400毫升灌服；0.1％高锰酸钾溶液100～200毫升灌服；必要时注射强心剂类药物及解毒类药物（阿托品、葡萄糖等）。

中毒羊发病迅速，必须及早处置。所以，放牧人员要携带分成包的定量鞣酸或鞣酸蛋白和汽水瓶，发现中毒羊及时加水灌服，即可解毒，脱离危险。

2. 尿素中毒　尿素添加剂量过大，浓度过高，和其他饲料混合不匀，或食后立即饮水以及羊喝了大量人尿都会引起尿素中毒。

【症　状】 发病较快，表现不安，呻吟磨牙，口流泡沫性唾液；瘤胃急性臌胀，蠕动消失，肠蠕动亢进；心音亢进，脉搏加快，呼吸极度困难；中毒严重者站立不稳，倒地，全身肌肉痉挛，眼球震颤，瞳孔放大。

【防　治】 正确使用尿素添加剂，避免羊偷食尿素等含氮化肥及喝过量人尿。发现尿素中毒应及早治疗，常用1％醋酸200～300毫升或食醋250～500克灌服，若再加入食糖50～100克，加水灌服效果更好。另外，可用硫代硫酸钠3～5克，溶于100毫升5％糖盐水内，静脉注射。临床证明，10％葡萄糖酸钙注射液50～100毫升，10％葡萄糖注射液500毫升静脉注射，再加食醋250克灌服，有良好效果。

3. 有机磷农药中毒　常用的有机磷农药有敌敌畏、敌百虫、乐果、杀螟硫磷、1059、1605等。羊只误食喷洒农药的农作物、牧草、田间野草和被农药污染过的饲料及水，或用有机磷农药驱羊体外寄生虫时药量过大、方法不当，或有机磷农药管理不当被羊舔食均可引起中毒。

【症　状】 流涎，流泪，出汗，流鼻液，结膜暗赤，瞳孔缩小，磨牙，肠音亢进，腹泻，腹痛，呕吐，口吐白沫，肌肉颤抖，四肢僵硬。严重者全身战栗，狂躁不安，向前猛冲，无目的奔跑，呼吸困难，心跳加快。体温升高，瞳孔极度缩小，视物不清，抽搐痉挛，昏迷，粪尿失禁，终致死亡。

【防　治】 严禁用刚喷洒过农药的作物、蔬菜、牧草、杂草等饲喂羊，一般喷洒7天后方可饲用。用有机磷农药驱虫时应注意防止羊舔食农药引起中毒。

发现羊有机磷中毒后应及早治疗，可用解磷定、氯磷定等特效解毒药，第一次每只羊0.2～1克，以后减半，用生理盐水配制2.5%～5%溶液，缓慢静脉注射，视病情连续用药，一般每天1～2次；也可用1%硫酸阿托品注射液1～2毫升，皮下注射，病重者2～3小时1次，到出现瞳孔散大、口干等症状时停药；排出胃肠道积滞物，先用1%盐水或0.05%高锰酸钾溶液洗胃，再灌服50%硫酸镁溶液40～60毫升进行导泻，使中毒羊胃内毒物能由肠道尽快排出。

4. 有机氯中毒 常用有机氯农药有碳氯灵、毒杀酚、滴滴涕等。

【症　状】 主要侵害神经系统，羊只首先兴奋不安，易惊恐。肌肉抽搐或痉挛性收缩，共济失调，步态不稳，行走摇摆，倒地或卧地不起。视力减弱，流涎，磨牙，咬肌痉挛，吞咽困难，腹泻。病重者表现呻吟，神态痛苦，狂躁，眼球突出，震颤，心跳加快但脉搏细弱，心律失常、呼吸浅表，黏膜发绀。若治疗不及时，可在12～24小时死亡。

【防　治】 预防措施与有机磷中毒相同。羊发生中毒后可用解毒药氯磷定，使用方法同有机磷中毒；静脉注射生理盐水200～500毫升或2%～5%碳酸氢钠注射液20～50毫升，结合2%～5%石灰水洗胃，或6%～8%硫酸镁溶液800毫升灌服，排出毒物；若是经皮肤接触中毒，应立即用肥皂水或2%～5%石灰水清洗，擦洗掉皮肤毒物。

5. 霉变饲料中毒 羊采食受潮发霉的饲料，霉菌产生的毒素

会引起羊只中毒，引起中毒的霉菌主要有黄曲霉菌、棕曲霉菌、黄绿霉菌、红色青霉菌等。

【症 状】 精神不振，停食，后肢无力，步态蹒跚但体温正常。从直肠流出血液，可视黏膜苍白。出现中枢神经症状，如头顶墙壁、呆立等。

【防 治】 严禁饲喂腐败、变质的饲料，加强饲草饲料的保管，防止霉变。

发现羊只中毒，应立即停喂发霉饲料。内服泻剂，可用液状石蜡或植物油200～300毫升，一次灌服，或用硫酸镁（钠）50～100克溶于500毫升水中，一次灌服，排出毒物。然后用黏浆剂和吸附剂，如淀粉100～200克、木炭末50～100克，或1%鞣酸内服，以保护胃肠黏膜。静脉注射5%糖盐水250～500毫升或40%乌洛托品注射液5～10毫升，每天1～2次，连用数日。心脏衰弱者可肌内注射10%安钠咖注射液5毫升，出现神经症状者肌内注氯丙嗪注射液，每千克体重1～3毫克。

尿结石

【病 因】 本病的发生主要是由于日粮钙、磷比例严重失调，蛋白质、维生素缺乏所致。当饲料中钙多磷少时，钙在体内以不溶性磷酸钙由粪便排出；饲料中钙少磷多时，磷酸钙从尿中排出。如饲喂大量酸性含磷过高的饲料，磷在小肠被吸收，血液中磷酸钙含量增高，大量磷酸钙在小肠回收时，由于胶体渗透压降低而被析出，再加上饲料蛋白质、维生素缺乏，特别是维生素A缺乏使泌尿系统上皮细胞脱落在肾盂和膀胱之中，被析出的磷酸钙附着而形成结石。尿结石多发生于公羊和3～5月龄的羔羊。

【症 状】 本病初期，鞘皮毛上沾有大量污白色小晶体，出现尿滴沥，屡呈排尿姿势弓腰，疼痛不安，精神沉郁，结膜潮红；后期腹腔积有尿液，出现腹水现象，腹围增大，不时起卧，食欲废绝，如治疗不及时最后引起尿毒症或造成膀胱破裂而死亡。

【防　治】 饲料配合应多样化，钙磷比例应适当；要适当喂些含维生素的饲料和多汁饲料，如胡萝卜等；适当提高饲料中的蛋白质水平。

羊尿结石应做到早期确诊，早期治疗。可顺阴茎口方向轻轻将结石物掐送出去，然后用导尿管注入少许1%稀醋酸即可治愈。结石堵塞尿道突时，可用剪刀剪掉尿道突，然后涂抹碘甘油，按治疗量静脉注射乌洛托品和肌内注射青霉素；如结石堵塞S弯处，在此处剪毛消毒，局部麻醉，在结石部位做纵行切开皮肤及皮下组织，露出阴茎做纵行切开，挤出结石彻底消毒，术部撒上青霉素粉，用羊肠线进行尿道皮肤缝合。

中药治疗：金樱子10克、淡竹叶10克、知母10克、黄柏10克、泽泻8克、金银花10克、黄芪10克、桃仁15克、甘草6克，研成细末灌服。煎水时加大剂量70%，每天1剂，连服3天。

羔羊异食癖

【病　因】 由于羔羊缺乏矿物质、微量元素以及维生素A、维生素D等而引起。

【症　状】 病羔啃食母羊羊毛，或在羊圈内捡食脱落的羊毛或啃食土块等。患病羔皮毛粗乱，食欲减退，日渐消瘦，有时流口水、磨牙。胃肠内形成毛球后，表现腹痛。

【防　治】 注意补给维生素A和维生素D。饲料中适当添加贝壳粉、食盐及微量元素添加剂。胃肠中毛团严重时应进行手术治疗。

白肌病

【病　因】 饲料中硒和维生素E不足，特别是硒的缺乏是引起本病的主要原因。羔羊较易发生。

【症　状】 病羊胴体横纹肌上有白色条纹，心肌受损，心脏肿大。贫血，皮肤、黏膜苍白，肌肉弛缓无力，行走困难，步态僵直。心跳、呼吸加快，食欲减退，多有腹泻等消化不良症状，一般体温无变化或稍低。急性者未出现症状即突然死亡。

【防　治】 给羊直接补饲维生素 E 和亚硒酸钠。给妊娠后期母羊注射 0.1%亚硒酸钠注射液 3～5 毫升，每隔 2～4 周注射 1 次，共注射 2～3 次。对 2～4 日龄的羔羊注射 0.1%亚硒酸钠注射液 1 毫升，间隔 1 个月重复注射 1 次，可预防羔羊白肌病。

参考文献

[1] 张英杰,刘月琴.羔羊快速育肥[M].北京:中国农业科学技术出版社,2006.

[2] 张英杰.养羊手册(第3版)[M].北京:中国农业大学出版社,2014.

[3] 张英杰.羊生产学[M].北京:中国农业大学出版社,2015.

[4] 肉羊技术体系营养与饲料功能研究室.肉羊饲养实用技术[M].北京:中国农业科学技术出版社,2009.

[5] 江喜春.山区肉羊高效养殖关键技术问答[M].北京:金盾出版社,2014.

[6] NRC.Nutrient Requirements of Small Ruminants:Sheep,Goats,Cervids and New World Camelids.Washington:National Academy Press,2007.

三农编辑部新书推荐

书　名	定　价
西葫芦实用栽培技术	16.00
萝卜实用栽培技术	16.00
杏实用栽培技术	15.00
葡萄实用栽培技术	19.00
梨实用栽培技术	21.00
特种昆虫养殖实用技术	29.00
水蛭养殖实用技术	15.00
特禽养殖实用技术	36.00
牛蛙养殖实用技术	15.00
泥鳅养殖实用技术	19.00
设施蔬菜高效栽培与安全施肥	32.00
设施果树高效栽培与安全施肥	29.00
特色经济作物栽培与加工	26.00
砂糖橘实用栽培技术	28.00
黄瓜实用栽培技术	15.00
西瓜实用栽培技术	18.00
怎样当好猪场场长	26.00
林下养蜂技术	25.00
獭兔科学养殖技术	22.00
怎样当好猪场饲养员	18.00
毛兔科学养殖技术	24.00
肉兔科学养殖技术	26.00
羔羊育肥技术	16.00

三农编辑部即将出版的新书

序　号	书　名
1	提高肉鸡养殖效益关键技术
2	提高母猪繁殖率实用技术
3	种草养肉牛实用技术问答
4	怎样当好猪场兽医
5	肉羊养殖创业致富指导
6	肉鸽养殖致富指导
7	果园林地生态养鹅关键技术
8	鸡鸭鹅病中西医防治实用技术
9	毛皮动物疾病防治实用技术
10	天麻实用栽培技术
11	甘草实用栽培技术
12	金银花实用栽培技术
13	黄芪实用栽培技术
14	番茄栽培新技术
15	甜瓜栽培新技术
16	魔芋栽培与加工利用
17	香菇优质生产技术
18	茄子栽培新技术
19	蔬菜栽培关键技术与经验
20	李高产栽培技术
21	枸杞优质丰产栽培
22	草菇优质生产技术
23	山楂优质栽培技术
24	板栗高产栽培技术
25	猕猴桃丰产栽培新技术
26	食用菌菌种生产技术